LES RACINES DU FUTUR

Mémoires d'outre espace et d'au-delà du temps

Données de catalogage avant publication (Canada)

Dodon, François, 1966-

Les racines du futur

ISBN 2-89239-193-8

1. Réincarnation. 2. Spiritisme. 3. Espace et temps. 4. Expériences de mort temporaire. I. Titre.

BF1729.R37D62 1998 133.9'01'35 C98-940312-2

Louise Courteau, éditrice inc.
481, Lac Saint-Louis, Est
Saint-Zénon, Qc. (Canada)
J0K 3N0

Illustration de la couverture : Cyrille Odon

Dépôt légal : Deuxième trimestre 1998
Bibliothèque Nationale du Québec
Bibliothèque Nationale du Canada

ISBN 2-89239-193-8

Cyrille Odon

LES RACINES DU FUTUR

Mémoires d'outre espace et d'au-delà du temps

Dédié à la mémoire de Carl Gustav JUNG,
pionnier de la psychologie des profondeurs
et
à celle de LAZARUS BONUS, alchimiste,
mon bien-aimé père spirituel.

À l'adresse de tous mes Frères
œuvrant sur la Terre.

À mon épouse et âme soeur sans qui ce livre
n'aurait jamais vu le jour.

Avec l'expression de toute ma gratitude pour tous
les êtres
visibles et invisibles, qui m'ont accompagné
tout au long de ce livre.

TABLE DES MATIÈRES

INTRODUCTION 9

PROLOGUE 19

DE LA PLANÈTE DORÉE
VERS LA PLANÈTE BLEUE

1. La Planète Dorée 29
Les habitants invisibles de la Planète Dorée - Des corps faits d'Éther - Des capacités que beaucoup envieraient - La belle Vénusienne - Vivre sur la Planète Dorée - Les habitants du côté de l'ombre

2. Émigration 61
Préparatifs - Sur les stations

IMPLANTATION SUR TERRE

3. Objectif Terre 71
Les filles des hommes étaient belles - Les premiers humanoïdes bioniques - Vivre dans un corps physique - Premières approches

4. La femme, avenir de l'humanité 85
Des hommes et des femmes - L'intervention extranéenne - Les Glorieux - Les Laborieux - L'aube d'une humanité nouvelle La curiosité ennemie de l'ombre

VIES ENTRE TERRE ET ÉTHER

5. Au temps de Mû 101
L'ombre pointe - Les mauvais anges - Tels des parents vigilants - Nouvelle mission en terre de Mû - Capture - Dissimulé dans les ténèbres

6. Le cristal de l'Atlantide 115
Amaris le sculpteur - Le Grand Prêtre, le Cristal et les créatures - Quand le mal vient à éclore - La rébellion de l'apocalypse - Engloutissement - Sauvés des eaux

7. Essor d'un civilisation en Amérique Centrale 129
Le débarquement - Les dieux deviennent des enseignants - Naissance d'une nouvelle culture - Le culte du soleil - Quetzalcoatl, dieu de l'air -Ces peuples appelés "indiens"
8. Aux temps anciens de La Ka 145
Deux adolescents - La mine de l'enfer - Jeunes espions en action - Quand la lumière veut déjouer l'ombre - Les forces de ténèbres - Vous avez dit karma ?
9. Le Pharaon égaré 161
"Pharaon, empêchons les massacres ! "- Pharaon et l'invisible - La reine si belle - Les sorties de Pharaon - La disparition de Pharaon - Interrogations - Le corps et l'ombre - Animaux, hommes et changements - Les cerveaux gauches parmi les ruines
10. L'Alchimiste et l'éther 183
Comme un lointain et chaleureux souvenir - Retrouvailles - L'assiette babylonienne - Le Bon Lazare - Une quadruple vie - Un lieu à la vocation incroyable - Le Néphilim naufragé - Épilogue

RÉPONSES À DES QUESTIONS ESSENTIELLES

11. Du ciel, de la Terre et des Hommes 207
Ces êtres venus d'outre-espace - Contacts avec ceux venus d'ailleurs
Qui sont les habitants de la Terre? - La 5ième dimension
12. Des chemins de l'âme 227
De l'âme - De l'âme et de l'ombre - De l'âme et de l'éducation -
De l'âme, de l'esprit et de la mort - L'âme et son devenir

CONCLUSION : Osons accueillir La Lumière 249

GLOSSAIRE 253

INTRODUCTION

Dans l'échelle du cosmique,
seul ce qui est fantastique
a des possibilités d'être vrai.
Teilhard de Chardin

Une aube nouvelle frémit à l'horizon des cieux, prête à inonder de Lumière notre magnifique et fragile Planète bleue et nous, ses habitants. Ma certitude est que notre humanité est en train d'achever sa gestation et qu'elle va, enfin, accoucher du nouvel Être humain. Il aura fallu de nombreux millénaires pour cela.

Nous savons par ailleurs que des contractions précèdent naturellement un accouchement et que certaines douleurs sont inévitables pour que l'enfant puisse sortir de sa matrice... Or, ce que nous sommes invités à reconnaître, c'est que ce travail d'accouchement se réalise nécessairement en chacun d'entre nous : nous sommes appelés, maintenant, à accoucher de l'Humanité en nous, après une si longue gestation... et à reconnaître notre filiation divine.

Nombreux sont les femmes et les hommes qui, sur Terre, sont encore dans l'angoisse terrible de ce terme dont ils craignent qu'il ne soit un désastre généralisé, une fin du monde irrémédiable, qui raserait de la surface de cette merveilleuse planète les espèces vivantes qui la peuplent (à quelques exceptions près !).

Plusieurs fois déjà ceci est arrivé. Notre mémoire collective en garde à jamais les stigmates. Des êtres humains survécurent. Les plus nombreux furent sauvés par nos frères d'outre-espace qui les accueillirent à bord de leurs immenses vaisseaux-nefs "de Noé". Et, pour ce qui concerne notre temps, il est vrai qu'une nouvelle fin tragique était, jusqu'à peu, fort à craindre en effet. C'est cette crainte qui, paradoxalement, fut salvatrice dans ses effets : elle provoqua un formidable sursaut de conscience et de responsabilité.

Ainsi avons nous pu voir, dans toutes les contrées de la planète, fleurir des actions d'individus ou de petits groupes qui commencèrent et continuent de faire, par milliers désormais, un travail spirituel magnifique dans des groupes de soin, de développement personnel, de méditation, de prière ou encore de channeling. Ils y sont aidés par tous ceux qui, depuis les plans invisibles, les accompagnent, les guident et leur enseignent.

En effet, beaucoup d'entités originaires d'autres planètes et d'autres dimensions, ont choisi de venir s'incarner massivement sur Terre en cette fin du deuxième millénaire, pour mener cet extraordinaire travail visant à sauvegarder l'humanité des manœuvres abortives conduites par les légions de l'*ombre*.*[1]

Si vous lisez ce livre, vous êtes très vraisemblablement de ceux qui se portèrent volontaires pour permettre que la Terre puisse demeurer cet extraordinaire navire-école préparant aux hautes études de l'exercice responsable du libre arbitre nourri de pensée créatrice et d'émotion esthétique. Il est possible que vous ne vous souveniez pas vraiment que vous êtes l'un de ces Travailleurs de Lumière venus sur terre mener une mission véritable, et qui soit accordée à vos plus hauts talents personnels.

---

* Les termes marqués de cet astérisque : * sont définis dans le glossaire placé en fin de livre.

1 Nous distinguerons dans cet ouvrage 2 sortes d'*ombres*, hormis l'*ombre* naturelle. Le mot sera alors écrit en caractères italiques : l'*ombre* humaine, psychique - décrite par C.G. Jung - due à un degré plus ou moins fort d'inconscience et sur laquelle la conscience, notamment spirituelle, peut porter toute sa lumière ; et l'*ombre* à laquelle appartiennent tous ceux qui se sont volontairement séparés de la Source de toute Lumière, qui la combattent, la dénient et ne veulent être sauvés par Elle. Rien ne peut être fait pour eux à moins qu'ils ne s'entrouvent, par eux-mêmes, à la Lumière.

C'est à vous que ce livre s'adresse, afin de vous inviter à prendre la mesure de l'extraordinaire chaîne de compassion et de solidarité que des millions d'êtres d'outre-espace et d'au-delà du temps ont tressée depuis des temps immémoriaux autour de la Terre. Cette chaîne de fraternité céleste, plus forte qu'elle n'a jamais été, veut empêcher que la Lumière, la subtilité et l'amour véritables soient oubliés ou déniés. Elle veut faire que tous ceux qui ont choisi de faire l'expérience irremplaçable, formidable, d'une incarnation dans un corps de matière dense, puissent, avec tous ceux qu'ils auront entraînés avec eux, revenir vers la Lumière, tels des plongeurs qui, ayant atteint la roche au fond de la mer décident, d'un coup de talon, de remonter à la surface afin de revenir à l'air libre et ressentir de nouveau la caresse bienfaisante des rayons du soleil.

Ce livre n'est que le simple et humble témoignage de l'un d'entre vous qui a recouvré sa mémoire et les capacités de consulter les annales akashiques* de l'Éther de la 5ième dimension, tant personnelles que collectives. Il retrace quelques brefs épisodes choisis au cours de la nuit des temps, depuis que des entités venues d'autres mondes et d'autres dimensions* s'intéressèrent aux premiers être humains, afin de les accompagner dans leurs évolutions et dans leurs mutations, et surtout les sauvegarder de l'emprise de ceux de l'*ombre*. Ces entités furent d'origine planétaires et stellaires différentes. Elles allèrent souvent suivre les enseignements des uns et des autres, en allant vivre un temps sur une planète ou sur une autre. Par ce livre nous voudrions encourager chacun à retrouver les origines qui sont les siennes, et certains des chemins qu'il aurait pu parcourir dans ce monde ou dans les autres[1], au gré de ses existences successives (et parfois simultanées) en retrouvant des mémoires d'au-delà du temps et de l'espace (il pourra même, chemin faisant, en

1 Ce travail est très semblable à une psychanalyse. Pour mieux le définir et le distinguer, j'ai créé les néologismes d'*onto-analyse** et d'*ontothérapie**.

explorer qui ne furent pas les siennes, et qui appartiennent à son Rayon ou "âme-groupe"). Soyez assuré que vous pouvez le faire ainsi que je le fais, en parcourant les rayonnages des immenses "bibliothèques" où sont archivées nos mémoires individuelles et collectives. Nous vous y invitons. Alors pourrez-vous, si vous le voulez, remonter le cours du temps jusqu'au moment de retrouver le moment primordial, originel, qui fut celui de votre séparation d'avec la Source de toute Vie, de tout Amour et de toute Lumière. Lors de cet épisode unique et principiel, chacun de nous a éprouvé des émotions d'une puissance telle qu'elles continuent de structurer profondément son univers psychique singulier, sur une planète dense comme la Terre.

Dans cet ouvrage, nous pousserons nos investigations jusqu'aux temps qui précédèrent la venue sur Terre d'êtres originaires d'une planète aujourd'hui disparue : la Planète Dorée. Cette planète existait alors dans l'éther* de la 5ième dimension*... Notre premier chapitre y sera consacré.

Tout cela peut vous paraître quelque peu invraisemblable. C'est tout à fait compréhensible. Cependant nous voudrions vous inviter à dépasser ce moment légitime de recul devant une "plongée" hors de l'ordinaire de notre quotidien. Cette plongée ne se fera pas cette fois dans les eaux de notre "piscine municipale", à forte teneur en chlore... Nous plongerons d'abord dans des dimensions dont il n'est guère parlé dans les "maisons de la culture" des peuples de la Terre, et nous pourrons découvrir que l'univers n'est pas fait seulement de terre, d'eau, de feu et d'air, mais aussi d'éther. Cet éther est celui de dimensions et de mondes constitués de particules ou d'énergies, qui vibrent à des vitesses supérieures à celle de la lumière – et qui sont celles de la conscience et de l'esprit.

Le présent ouvrage, justement, voudrait témoigner qu'il n'est aucune barrière que l'on puisse concevoir qui ne soit franchissable par les pouvoirs de l'esprit. D'autant que les barrières qui nous paraissent se dresser le plus haut ne sont que des barrières construites par notre mental – qui fonctionne, lui, à des vitesses inférieures à celle de la lumière. Ces barrières ne sont que le produit avarié de notre ignorance acquise, personnelle et collective, dont les profondeurs sont vertigineuses. Aussi voudrions nous vous inviter à pousser ces barrières et à laisser derrière vous tout ce qui est du registre des conventions habituelles, fondées pour l'essentiel sur de pures croyances. Mais, hélas ! Le plus grand nombre désire, le plus souvent, que de telles barrières viennent le protéger... contre une peur certaine de l'inconnu. Cependant, si nous avons le courage d'abandonner notre confort frileux et de pousser ces barrières, alors il nous est donné de découvrir des paysages nouveaux et merveilleux... et parfois terribles. Et plus nous avançons sur ce chemin, plus nous prenons conscience que nous le frayons dans la forêt inextricable de notre ignorance et plus, au-dessus, la Lumière nous apparaît.

Nous avons trop vite abandonné le premier des devoirs qu'il nous ait été donné d'assumer en tant qu'êtres spirituels : celui de nous frayer un chemin selon la verticale et non selon l'horizontale. Mais la condition d'existence (au sens étymologique "d'être placé en dehors") dans la 3ième dimension, nous donne de permanentes occasions d'oublier cette dimension verticale. Ces occasions n'ont fait que se multiplier de façon exponentielle, en raison de l'acharnement des forces de l'*ombre* à nous y égarer à coup d'artifices technologiques et médiatiques.

Ce livre ne donnera qu'un faible aperçu de ce combat de l'*ombre* et de la Lumière que nous pourrions encore appeler combat du bien et du mal, de la connaissance et de l'ignorance, de la conscience et de l'inconscience, de la fidélité ou de la rébellion. Mais, toujours, ce livre vous invitera à cheminer dans les arcanes de l'âme humaine, individuelle et collective, afin de sonder les profondeurs vertigineuses de l'inconscient qui habite chacun et dont les sources sont fabuleuses.

Ce livre voudrait vous permettre de mieux comprendre comment l'*ombre* qui habite l'inconscient individuel et collectif pollue infiniment nos pratiques éducatives, nos systèmes culturels, religieux, idéologiques, scientifiques, philosophiques, psychologiques, politiques ou économiques... c'est-à-dire en chacun de nous. Mais surtout, nous voudrions vous inviter à considérer la merveilleuse richesse dont chacun – c'est-à-dire vous – est constitué jusque dans ses moindres cellules et combien, en dépit de l'*ombre* encore ambiante CHAQUE ÊTRE EST, DANS SES RACINES LES PLUS PROFONDES, UN ÊTRE DE LUMIÈRE.

Nous avons tenté de faire en sorte que les sentiers sur lesquels vous voudrez bien nous accompagner soient les plus agréables possibles, et viennent déboucher sur des paysages peu connus ou explorés. Nous vous invitons à nous y accompagner avec plaisir, mais aussi en conscience, en rigueur et responsabilité. N'oubliez jamais cependant que ces paysages "antérieurs" – et de toute actualité – qui vous seront donnés à scruter, ne seront vraiment vus qu'à partir des échos qu'ils susciteront en votre âme et en votre esprit, et qu'ils ne prendront consistance qu'à partir de ce qui constitue, pour vous, les "réalités" de votre propre univers intérieur, individuel et culturel. Ces scènes, ces sentiments et ces pensées qui vous sont offerts, ne seront que ceux et celles que vous voudrez bien recréer à partir de vous-mêmes, et de votre propre trajectoire.

Mon espoir est que ces deux trajectoires se rencontrent, afin que, peu à peu, dans cet espace de consensus fragilement instauré, se développe une autre conception de l'homme et de l'univers, du temps et de l'espace, et des dimensions plurielles dans lesquelles, en tant qu'êtres spirituels, nous sommes invités à retrouver nos origines. Mon espérance est que la lecture de ce livre ouvre en vous des résonances qui vous reconnectent directement aux plans de subtilité, et aux êtres merveilleux qui nous accompagnent depuis la 5ième Dimension*.

Permettez-moi maintenant de vous raconter une histoire vécue personnellement, en manière de mise en garde que je voudrais aussi légère que profonde, mais surtout en manière d'enseignement qui me fut donné, et que je considère comme le plus important que je reçus jamais.

Nous sommes à bord de notre voiture, mon épouse et moi. Nous descendons une rue qui débouche sur un pont enjambant la rivière. Au sortir de ce pont, un banc, sur lequel un personnage est assis. Ce personnage dans la force de l'âge, bien vêtu et à la barbe soigneusement entretenue, est bien connu des habitants du quartier. Il passe des journées entières assis sur un perron, un coin de trottoir ou un banc, aux alentours du pont. En passant devant lui, je m'exclame : "Comme il est regrettable qu'un homme qui semble avoir tous ses moyens intellectuels et physiques, puisse ainsi passer des journées entières à ne rien faire, depuis des mois !". Je n'avais pas perçu la présence invisible de notre guide, le Bon Lazare, auquel le neuvième chapitre de ce livre et son épilogue sont consacrés. Sa réaction ne se fit pas attendre. Avec gravité il me demanda : " Qui crois-tu être pour juger ainsi un autre être ? Dis moi, qu'est-ce qui te permet de le faire ?". Ma surprise, totale, fit bientôt place à l'embarras, puis à la consternation. Je devais en toute humilité reconnaître que rien ne me permettait de juger ainsi un autre être, notamment à partir des seules apparences. Le Bon Lazare me permit de tirer de cette affaire qui pourrait paraître bien minime, l'enseignement spirituel que je considère le plus fondamental : *Aucun être n'est plus, aucun être n'est moins qu'un autre. Chacun est différent, mais aucun n'est plus et aucun n'est moins qu'un autre être.* Cet enseignement restera à jamais gravée dans ma mémoire.

Nous tenant encore à l'orée de cette fabuleuse forêt que constituent nos mémoires individuelles et collectives, je voudrais vous proposer de garder cet enseignement en permanence à la mémoire. Vous allez rencontrer, je le crains, bien des choses qui vous paraîtront impensables. Ne les jugez pas ! mais permettez moi de vous inviter à seulement ressentir intuitivement si cela a quelque vraisemblance pour vous. Le voyage auquel nous vous convions partira donc de la Planète Dorée, disparue il y a 360 000 mille années éthériennes[1]. Sur cette planète des êtres spirituels vivant dans l'Éther de cette dimension ont, il y a des millions d'années terrestres, développé une civilisation dont nous ne pouvons nous faire qu'une bien faible idée. Cette planète fut détruite du fait du combat qui déjà régnait entre les forces de l'*ombre* et celles de la Lumière (la Lumière ne combat jamais la Lumière). Ces peuples émigrèrent sur d'autres planètes il y a bien longtemps. Certains vinrent sur la Terre. Nombre d'entre eux commencèrent à aimer cette Planète et revinrent, puis revinrent encore, en essayant d'aider les hommes. Cela généra de grands foyers de civilisation dont certains nous sont plus ou moins bien connus : Mû (ou Lémurie), l'Atlantide, Babylone, l'Amérique centrale, l'Égypte, la France au Moyen Âge. Je vous propose de les découvrir de façon singulière : par le regard d'un être, originaire de la planète disparue et venu pour différentes missions sur la Planète Terre, pour ensuite choisir de s'y réincarner, avec le lot de joies, d'épreuves et de souffrances que cela comporte. Comprenez, cher lecteur, que ce regard n'est que celui d'une mémoire subjective, puisée dans l'immense océan de la mémoire individuelle et collective. Ce ne sont que des vécus qui seront relatés, et non des vérités. Mais ces vécus exhumés offrent, dans leur grande diversité, des enseignements nombreux, et encore plus de pistes de réflexion et de recherche. Pour cela, ce livre est construit autour de quatre grandes parties :

---

1 Le temps de la 5ième dimension ne peut être comparé au temps linéaire de la 3ième dimension. Il n'est pas régi par les mêmes lois physiques et ne peut donc être mesuré de la Terre et ne comporte pas de "moments" comme nous les connaissons. Ce sont les êtres qui "conçoivent le temps".

- la PREMIÈRE PARTIE concerne les conditions de vie des habitants de la Planète Dorée jusqu'au moment où ceux-ci sont placés dans la nécessité de chercher d'autres planètes d'accueil, et notamment notre merveilleuse Planète Bleue ;
- la DEUXIÈME PARTIE concerne l'implantation sur la Terre de certaines colonies venues de la 5ième dimension, et ayant choisi de prendre un véhicule incarné permettant d'exister et d'agir dans la 3ième dimension ;
- la TROISIÈME PARTIE est constituée de six épisodes de vies "entre Terre et Éther" qui balisent, en quelque sorte, les strates constitutives de l'histoire de l'humanité sur notre planète, et indiquent quels rapports des êtres incarnés peuvent entretenir avec ceux "d'outre-espace", lors de missions menées sur Terre notamment ;
- la QUATRIÈME PARTIE est constitué de deux chapitres, réalisés sous forme de questions-réponses. Le premier traite des entités non terrestres originaires de la 3ième ou de la 5ième dimension. Le second et dernier aborde des questions relatives à l'âme, à son devenir, et à ses interrelations avec les mémoires individuelles et collectives.

Ce livre s'adresse à toute personne à l'esprit ouvert et curieux, intéressé par l'histoire de l'être humain (c'est-à-dire sa propre histoire également), explorée à partir de dimensions encore peu décrites : la 5ième surtout, mais aussi la 4ième. Il s'adresse à tout chercheur honnête désireux de mieux comprendre l'âme humaine et par conséquent la sienne propre, mais surtout désireux de donner un sens transcendant à son existence.

Le plus que nous puissions jamais offrir à un autre être, quel que soit son âge, ses capacités ou sa condition, est de l'inviter à se poser des questions, de nouvelle manière si possible. Alors il continuera son propre chemin afin de trouver les réponses qui lui conviendront personnellement. Dans les pages à venir, nous ne vous proposons rien d'autre que vous interroger, en partageant en toute humilité avec vous : souvenirs, explorations, enseignements et réflexions personnelles, que tant d'autres êtres, visibles et invisibles, nous ont permis de trouver, de nourrir et de développer.

Sachez enfin qu'il n'est pas une seule phrase de ce livre qui n'ait été écrite sous le regard lumineux et rigoureux de celui que nous nommerons : "le Gardien des Mémoires éthériennes". Toutes les explorations qui furent menées pour écrire ce livre, le furent sous son contrôle permanent et bienveillant. Parfois il me permit d'accéder à des sources d'information auxquelles, sans lui, je n'aurais pu avoir accès et surtout, il apporta nombre de compléments et beaucoup d'enseignements. D'autres nous furent prodigués par certains Maîtres ou Instructeurs des Plans de Lumière, et par mon Guide bien-aimé et père spirituel : Lazarus Bonus.

Ainsi que de nombreux autres livres inspirés par ceux d'outre-espace, cet ouvrage essaie, à sa manière, de vous transmettre ces indications et ces enseignements afin que vous puissiez pleinement en bénéficier en ces heures qui précèdent l'Aube Nouvelle.

Que tous ceux de la Grande Fraternité de Lumière soient profondément et chaleureusement remerciés – ainsi que vous-mêmes qui avez déjà tellement œuvré pour vos Frères de la Terre, même si vous n'en avez pas gardé un clair (ni toujours excellent) souvenir...

PROLOGUE

Au-dessous de moi, un amas de ferrailles imbriquées, parmi lesquelles on pouvait encore distinguer ma voiture et la camionnette qui m'avait percuté sur la gauche. Le spectacle était désolant. Un dégoût profond m'étreignait. Je pouvais encore distinguer un corps ensanglanté, coincé dans la carrosserie tordue. Je décidai de quitter sans plus attendre cet affligeant spectacle et de partir vers des lieux plus hospitaliers.

Sans transition je me retrouvais dans ce qui m'apparaissait être une salle d'opération dans un hôpital. Je percevais des être vêtus de blanc, tels des chirurgiens avec masques et calots, blancs également...

Après avoir repassé ces événements dans ma mémoire, je m'étonnais de ce détail auprès du Gardien des Mémoires éthériennes qui m'accompagnera, tout au long de ce livre, dans mes explorations au-delà du temps et de l'espace actuels de notre planète Terre.

Il m'expliqua que, d'une façon parfaitement banale et habituelle, les personnes venant de quitter leur corps, suite à un traumatisme violent, formaient la représentation symbolique de personnages en lesquels ils pouvaient, dans cette situation de profonde déstabilisation, éprouver une particulière confiance. Des personnes très croyantes peuvent recourir à des représentations de la Vierge, du Christ ou de saints personnages. Dans une autre culture, amérindienne par exemple, un indien pensant que c'est son père le Soleil qui va l'accueillir, verra Inti le Soleil l'accueillir. Ce pourrait être Anubis ou Bouddha. Chacun donc, selon sa culture, ses références personnelles et ses croyances, verra des personnes rassurantes, aimantes ou compétentes. Chacun viendra revêtir du "costume" de sa convenance, les entités de la 5ième

dimension qui lui viennent en aide et qui, sinon, n'auraient aucune réalité pour lui. Dans la mort, ces entités seront le plus souvent des désincarnés de la 4ième dimension* qui étaient des parents affectionnés en lesquels, là encore, la personne venant de quitter les conditions d'existence des corps physiques, a une particulière confiance. Si l'entité qui vient de mourir, après que la "pesée" de son âme ait été faite avec la plus implacable rigueur[1], vient à débarquer en enfer, cet enfer sera peuplé de tout ce qui peut engendrer chez elle l'effroi le plus grand : de même pour le paradis ou pour le purgatoire. Chacun sera accueilli dans la projection de ses propres croyances accumulées... (nous reviendrons sur ce point des croyances et des directions qui leur sont données par les cultures, les dogmes et les familles, dans la dernière partie de ce livre).

Pour ce qui me concernait, je me croyais donc dans un hôpital. Des thérapeutes s'activaient autour de moi en silence. Bientôt, émanant d'une sphère au-dessus de mon corps, et que je pris pour un scialytique éclairant une table d'opération, une douce lumière vint me baigner. Une paix subtile et profonde m'envahissait progressivement. Je sentais mon corps reposer dans une sorte de lit douillet en matière diaphane. Mon corps... comment était-ce possible ?

Éclairé par cette lumière douce et pénétrante qui me régénérait peu à peu, mon corps n'était pas celui que j'avais quitté, coincé dans la ferraille. Sur le lit vaporeux je voyais une masse translucide et rosée, semblable à un embryon dans les premières phases de son développement. Sa tête

---

1 Le lecteur intéressé aimerait peut-être plus de précision sur la façon dont s'effectue cette "pesée". Ce livre n'étant pas consacré à ce point particulier, je ne saurais en alourdir mon récit. Mais qu'il soit persuadé que les religions qui en traitent ne le font jamais que d'une façon purement symbolique. Qu'il sache néanmoins que cette "pesée" ne se fait qu'après bien des étapes préalables, et que l'on se retrouve vis-à-vis de soi-même dans la plus extrême rigueur de jugement lorsque nous devons peser nos propres actions en conscience.

était énorme, globuleuse, en comparaison du reste du corps. Le tout me faisait songer à quelque animal marin, un calamar peut-être, je ne savais. Mais sous les effets de la lumière régénérante, cet embryon se développait rapidement et prenait forme totalement humaine. Ce ne pouvait pas être mon corps, cette chose vaporeuse ! Pourtant, cela le devenait : ce corps se transformait en celui d'un adolescent, puis en celui d'un adulte, et bientôt je me reconnus dans un corps physique légèrement plus jeune que celui que j'avais quitté.

Mais j'avais beaucoup évolué intérieurement également. Quand je regardais à nouveau autour de moi, je fus à peine étonné de ne plus voir de chirurgiens habillés de blancs, mais des entités amies, aux visages souriants, aux yeux profonds. Quelle paix merveilleuse, quel amour immense émanait de ces êtres ! L'un d'eux, que mon cœur ressenti comme un frère véritable, s'adressa à moi télépathiquement : *Sois totalement rassuré, nous nous occupons de régénérer ton corps endommagé par l'accident. Ici nous nous occupons surtout de ton psychisme qui a beaucoup souffert.* Je comprenais que le corps physique écrasé dans les ferrailles tordues était en d'autres lieux, en d'autres espaces. *Oui, nous nous sommes occupés de ton corps physique pour que tu ne meurs pas écrasé par le volant et la ferraille avant qu'on ne le sorte de là. Heureusement, les pompiers ont réussi à le désincarcérer sans trop de dégâts et à l'amener au service d'urgence et de réanimation de l'hôpital le plus proche. Ils ont pu l'opérer et le maintenir en vie. Avec ton âme jumelle et son professeur, nous continuons de restaurer certains de tes circuits énergétiques, nerveux et sanguins parmi les plus éprouvés. Nous avons accueilli ton être et ses corps subtils* à bord de notre vaisseau pour qu'il se restaure et se régénère. Tu viens de traverser une période terriblement éprouvante pour toi au plan psychique, et l'accident à disloqué ton corps physique qui restera longtemps dans une grande fatigue.*

Jamais les mots que je pourrais trouver ne pourront exprimer le merveilleux bonheur dans lequel je baignais littéralement, désormais. Aucun mot ne serait assez fort, assez doux, assez beau, assez vaste pour exprimer l'amour émané par les êtres qui m'entouraient et me soignaient. Ces êtres de lumière, aux gestes lents et précis, comprenant la moindre de mes pensées, m'environnaient avec une totale sollicitude. Avais-je jamais pu, sur Terre, concevoir qu'une telle paix fut possible? L'état que j'éprouvais était bien proche, à n'en pas douter, de ces états d'extase profonde, de ravissement littéral, vécus par certains mystiques. Oui, j'étais là, empli, enceint d'une totale béatitude. Et comme ces êtres, mes Frères, étaient d'agréables compagnons ! Il me semblait connaître leur façon de faire et de réagir, de sourire et de plaisanter, d'aimer et de soigner. Je me sentais comme revenu "chez moi", dans ma patrie, dans ma maison, parmi mes parents affectionnés. Comme la vie sur Terre m'apparaissait dérisoire, sinistre et pesante en comparaison de cette vie d'une totale légèreté, d'une totale et harmonieuse transparence !

Bientôt, je fus autorisé à me déplacer un peu à bord du vaisseau. Par les vastes hublots, je pouvais voir l'infini de l'éther d'un bleu indigo profond et, là-bas, une planète enveloppée de tons bleus sombres également, parfois presque noirs, avec un halo bleu roi lumineux, beaucoup plus clair, et que je trouvais particulièrement beau. *C'est la Planète Terre vue de notre dimension*, me firent comprendre mes thérapeutes. *Bientôt tu pourras retrouver complètement ceux qui t'y attendent et qui se sont tant inquiétés pour toi.*

Effectivement, j'avais pu retourner brièvement dans ma chambre hôpital, pour communiquer quelques instants avec celle qui m'était chère, mon âme-jumelle, et ceux qui venaient me rendre parfois visite. Je m'étonnais de la façon dont ils me plaignaient d'être dans cet état physique particulièrement traumatisé, avec des fixateurs externes métalliques au bras, une jambe en extension, des cicatrices sur tout le corps, des tubes et des branchements divers, condamné à l'immobilité totale. Je ne souffrais aucunement. Ma sérénité faisait l'étonnement de tous. Cette paix de l'esprit et cette non souffrance du corps furent quasi permanents au cours des huit mois de convalescence qui suivirent l'accident. Ce bien-être profond fut à peine troublé, deux mois après mon admission au service de réanimation, par une embolie pulmonaire et un choc septique (brrr... quel froid sépulcrale vient vous étreindre alors !), qui me rappelèrent brutalement dans mon corps physique.

Par ailleurs, je pus tout à loisir développer mes capacités de perception extrasensorielle. Ce fut une bien étrange (re)découverte que d'avoir un champ de vision à 360 degrés, une audition particulièrement fine, une capacité de lire les pensées de ceux qui me rendaient visite (combien d'hypocrisies et de noirceurs je dus, malgré moi, découvrir chez des êtres donnant l'apparence de la sincère affliction), une capacité de me rendre immédiatement à tout endroit de la planète où je désirais aller. Je découvris plus tard que c'était là des capacités toutes ordinaires de l'esprit, dont chaque être se trouve doté, quelles que soient ses capacités intellectuelles ou physiques, son âge, sa culture ou sa condition.

Quelques mois s'écoulèrent. J'avais pu, assez rapidement, suffisamment me rééduquer pour avoir une autonomie satisfaisante en dépit de tout mon attirail. Mais je restais seulement à proximité de mon corps, ce qui rendait parfois son équilibre assez difficilement maîtrisable, avec béquille et "canne anglaise". Pourtant, cela était dérisoire en comparaison des souffrances endurées par la fréquentation des autres êtres humains de notre société de consommation. Comme ils me paraissaient inhumains de dureté, d'égoïsme, de futilité et d'orgueil ces humains de la Terre ! Comme je me sentais mal parmi tant d'agitation, de laideur et de dégradation ! Dès que cela m'était possible, je revenais vers mes frères de l'espace pour faire le plein de réconfort et d'harmonie[1].

Un jour vint, douze mois plus tard, où, étant pratiquement guéri, il me fut demandé de choisir si je voulais rester vraiment sur Terre ou revenir à bord d'un vaisseau. La nouvelle opération que je devais à nouveau subir pour "ablation de matériel" dans les semaines à venir, pourrait être occasion pour me rapatrier avec vraisemblance aux yeux des vivants. Quel que soit mon choix, je devais savoir qu'il me serait possible d'œuvrer pour aider mes semblables, sur Terre ou dans l'Éther (dans la 3ième* ou la 5ième dimension*).

Mais, quelques semaines avant mon accident, j'avais retrouvé mon âme-jumelle avec laquelle j'avais déjà vécu tant de vies. De temps à autre elle pouvait venir me voir et nous passions des journées d'intense bonheur, véritables oasis lumineuses dans la grisaille enténébrée des journées ordinaires de la vie sociale sur Terre. Cette femme merveilleuse souffrait également de ses conditions de vie d'alors. Je ne pouvais lui jouer ce bien mauvais tour d'être revenu à la vie, de m'être rééduqué des différents traumatismes et handicaps, et de repartir à l'occasion d'une banale opération, comme si de rien n'était. Ma décision fut bientôt prise. Cela pourrait être très beau de vivre ensemble un nouvel épisode de vie commune sur Terre, maintenant que nous nous étions retrouvés. Et puis, un jour peut-être, je pourrais offrir témoignage...

---

1 C.G. JUNG, dans son livre "Ma vie" relate une expérience fort semblable, suite à un infarctus (pp. 335 & 336) : "J'étais comme dans une sorte d'extase ou dans une très grande béatitude. Je me sentais comme planant dans l'espace, comme abrité dans le sein de l'univers, dans un vide immense, bien qu'empli du plus grand sentiment de bonheur qui soit. C'était la béatitude éternelle ; on ne peut la décrire, c'est bien trop merveilleux, me disais-je. [...] Ces états intérieurs étaient si fantastiques que, comparé à eux, le monde paraissait tout simplement ridicule. [...] C'est ce que j'ai jamais vécu de plus prodigieux. Et quel contraste le jour ! Alors j'étais tourmenté et mes nerfs étaient totalement épuisés. Tout m'irritait, tout était trop matériel, trop grossier et trop pesant, limité dans l'espace et en esprit. Tout était rétréci artificiellement.

Je donnais donc ma décision de rester sur Terre, en demandant qu'il me soit offert la grâce de rester en communication avec mes amis de la 5ième dimension, basés sur les vaisseaux. Effectivement, nous pûmes garder ce contact et nos relations sont devenues de plus en plus étroites. Je n'ose exprimer combien nous considérons, mon épouse et moi-même, être dans le plus extraordinaire des privilèges, dans la plus extraordinaire des grâces, pour pouvoir ainsi entretenir de telles relations avec ceux du "ciel".

Cet ouvrage, que nous proposons à votre lecture, est le fruit de cette collaboration avec ceux de l'Éther. Il constitue, pour vous, une invitation à retrouver vos propres chemins vous permettant de le faire.

DE LA PLANÈTE DORÉE

VERS LA PLANÈTE BLEUE

Je sais que je ne peux rien oublier de ce qui est mon essence.
Flavio M. Cabobianco (9 ans), Je viens du Soleil

1 – LA PLANÈTE DORÉE

Dès que l'on touche au mal on court de façon urgente
le danger de lui succomber.
C.G. Jung, Ma vie

Vous ne la trouverez plus dans la ronde des planètes du système solaire, visibles et invisibles. Elle a été détruite, il y a bien des milliers d'années, bien avant que n'apparaisse sur la Planète Bleue que nous appelons Terre, la moindre civilisation humaine. Certains êtres qui peuplaient la Planète Dorée[1] manipulèrent, sans véritable conscience, des forces énergétiques colossales, dont celles de l'atome ne peuvent donner qu'une idée partielle.

LES HABITANTS "INVISIBLES" DE LA PLANÈTE DORÉE

L'importance des populations qui peuplaient cette planète était sans commune mesure avec celles qui, aujourd'hui, peuplent la Terre en nombre si grand : quelques centaines de milliers à peine pouvaient être dénombrées avant qu'elle ne disparaisse de l'Éther de la 5ième dimension*...

Mais cette Planète existerait encore que nos plus modernes télescopes ou nos plus performantes sondes spatiales, n'y auraient trouvé aucun signe de vie, et points d'eau comme

1 Certains auteurs, tel l'ésotériste Yosip Ibrahim, l'appellent "Planète Jaune", d'autres l'appellent Taenoura ou encore Maldeck. Dans leurs annales, les Ethériens emploient le qualificatif "dorée" pour la désigner. Je recommande à votre attention le livre de cet auteur péruvien : *J'ai visité Ganymède*, publié aux éditions Agorma en 1994. Ce sont ses éditeur / traducteur : Barbara Tschopp et Joseph Clément Chappex, qui me suggérèrent l'idée de ce livre et Yosip Ibrahim qui, depuis la 5ième dimension (alors qu'il est bien en vie sur Terre, mais en retraite dans un monastère aux Indes), m'encouragea à l'écrire.

nous le connaissons sur Terre. Rien qui puisse indiquer la présence d'êtres ayant développé une civilisation fabuleuse, extraordinairement plus avancée que celle dont nous sommes si fiers sur Terre ; une civilisation qui maîtrisait parfaitement les voyages interplanétaires et intergalactiques. Mais ces observateurs n'auraient pas plus vu (ou pu photographier) l'un quelconque des vaisseaux, navettes et stations que nous utilisions couramment ; et que chaque habitant de la Planète Dorée pouvait utiliser comme, sur Terre, nous utilisons les automobiles et les avions, aux moteurs thermiques ou à réaction (si bruyants et polluants !).

C'est que, sur Terre, nous vivons dans la 3ième dimension et ne savons voir "midi qu'à notre porte"... Nos savants terriens ne sont, dans leur très grande majorité, préoccupés que des phénomènes physiques, chimiques, mécaniques, voire astronomiques, dépendants de la 3ième dimension. Ils développent des trésors d'intelligence pour comprendre les phénomènes qu'ils y peuvent observer. Rien n'est plus légitime. Il est si difficile de concevoir le monde autrement que celui dans lequel nous sommes collectivement (et culturellement) immergés. Car il est on ne peut plus logique, lorsque nous sommes en plein rêve au cours de notre sommeil, de ne percevoir que les réalités qui peuplent ce rêve. Ce sont de véritables réalités que celles du rêve... qui elles, n'appartiennent plus à la 3ième dimension, mais à la 2ième*, qui ignore le temps. D'ailleurs, nous nous y rendons, le plus souvent, pour nous y reposer. Nous laissons nos vibrations s'abaisser, nous coupons les "contacts" avec le monde extérieur : c'est le sommeil... À moins que nous ne partions en voyage, hors de notre corps laissé en repos, dans la 4ième dimension – ce que font beaucoup d'entre nous.

Sur Terre, nous connaissons – bien que relativement mal – la 4ième dimension* (ses différents plans, et certains de ses pièges), car c'est une dimension qu'affectionnent particulièrement les ésotéristes. Elle est aussi très prisée de nos jours par les tenants du Nouvel Âge, qui manifestent leur goût prononcé pour les sorties hors-corps. Mais, sur Terre, nous ne connaissons pas la 5ième dimension, totalement invisible à nos yeux de chair ou à l'œil de nos caméras et, croyons-nous le plus souvent, inaccessible à nos investigations. Essayons néanmoins, par un petit effort d'imagination (ou de mémoire) de nous rendre dans cette autre dimension tant ignorée, et en laquelle résident beaucoup de réponses à nombre de questions portant sur des phénomènes inexpliqués... et non identifiés.

Les peuples de la Planète Dorée, s'ils n'existaient pas dans la 3ième dimension, existaient donc, bel et bien, dans la 5ième. D'ailleurs, ils continuent d'y vivre, dans leurs stations ou leurs vaisseaux ou sur des planètes comme Vénus... mais aussi autour de la Terre, et dans ses profondeurs ! Et pour eux, leurs semblables et tout ce qui les environne (par exemple leurs ordinateurs ou leurs vaisseaux) sont absolument concrets et d'une parfaite réalité pour eux et pour tous ceux qui se transportent avec leur corps bioplasmique*, dans la 5ième dimension.

Vous en êtes peut-être étonnés. Cela se conçoit aisément. Mais songeons, un instant, au nombre des réalités imperceptibles à nos sens terriens si limités ! Heureusement que nos modernes scientifiques, ou techniciens, savent concevoir et utiliser des instruments qui, eux, perçoivent ce que nos yeux ne peuvent voir, nos oreilles entendre, nos doigts toucher (en dépit du fait qu'ils ne peuvent cependant rien percevoir au-delà du "mur" de la vitesse de la lumière"...). Pourtant, nous sommes bien dotés d'appareils de télévision et de radio notamment, qui nous retransmettent les sons et les images transportés par des ondes sur des fréquences telles qu'elles ne peuvent être perçues par aucun d'entre nous, alors que celles-ci nous pénètrent de toute part... Ces ondes sont cependant bien réelles et concrètes aussi. Les organes des sens de notre corps physique sont simplement incapables de les percevoir.

DES CORPS FAITS D'ÉTHER

Il y a bien longtemps sur cette Planète Dorée vivaient donc des êtres dans la 5ième dimension. Ces êtres, qu'ils soient originaires de la Planète Dorée ou de toute autre planète, ne possèdent pas de corps physiques constitués de carbone, d'hydrogène, d'oxygène, d'azote et de près de 80% d'eau comme ceux des créatures terrestres. Ils sont faits de constituants différents que nous appellerons, en empruntant le joli terme d'Hubert Reeves : "poussières d'étoiles", à des doses infinitésimales. La part la plus importante – plus de 80% – est l'éther, le tout "vibrant"[1] à une vitesse particulièrement élevée.

C'est la raison pour laquelle ces êtres souhaitent être appelés Éthériens. La Planète Dorée existait donc dans cette 5ième dimension avant d'en être brutalement expulsée[2]. Toute matière qui la constituait, ou tout corps qui lui était joint, "vibrait" à un taux supérieur à la vitesse de lumière, ce qui rendait cette matière invisible depuis la Terre, alors qu'elle était parfaitement concrète et matérielle cependant (mais pas selon nos critères restrictifs habituels). Bien des êtres originaires d'autres planètes vivent dans cette dimension. Ainsi, pouvons-nous trouver à bord des vaisseaux et des stations de la 5ième dimension, des Éthériens de toute provenance :

1 La littérature "new-age" nous a habitués à cette image facile qui n'est rien d'autre qu'une métaphore. En réalité, ces mondes étant situés au-delà du "seuil" de la lumière, c'est la vitesse des ondes et particules d'énergie qui la composent qui est très supérieure à celle de notre monde qui fonctionne, quant à lui, dans un registre "sous-lumineux" (cf. *5ième dimension* dans Glossaire).

2 J'écris ce chapitre le jour du cinquantième anniversaire de la catastrophe nucléaire d'Hiroshima. Qu'on me pardonne ce parallèle morbide : les victimes qui perdirent la vie lors de ce bombardement terrible, furent expulsés de leur corps physique, c'est-à-dire de la 3ième dimension, pour passer dans la 4ième dimension (ou la 5ième pour certains).

Mercuriens, Vénusiens, Jupitériens, Vulcaniens, etc. particulièrement préoccupés des menées scientifiques et techniques des habitants de la Terre. Mais n'est-il pas compréhensible que des "parents" et des "éducateurs" veillent avec grande vigilance sur ce que font leurs "enfants", qui commettent tant d'imprudences et de sacrilèges, sans jamais en retirer d'enseignement, semble-t-il ?

Vous vous demandez certainement quelles formes pouvaient avoir les véhicules corporels des Éthériens, pour être de nature si subtile. Les films de science-fiction ont imaginé bien des caricatures, monstrueuses ou risibles, aux formes puisées non d'un voyage dans la 5ième dimension ou dans les mémoires de celle-ci, mais surtout dans la 4ième, dans cet univers de l'astral qui comporte lui-même plusieurs "maisons", et surtout plusieurs étages à ces maisons, y compris très "bas". Non ! nos formes n'avaient rien à voir avec celles des créatures du bas ou du haut astral, mais avec celles, infiniment plus belles et humaines, d'une gracile danseuse élevée sur ses pointes, les doigts portés "en fuseau". Ah ! si nous savions combien nos mémoires, nos amours et nos arts, puisent à des sources bien plus qu'anciennes, au-delà de l'espace et du temps qui sont ceux de la Planète Bleue. Si nous le savions vraiment, combien nous les aimerions plus encore, combien nous les exalterions et pratiquerions pour retrouver ces harmonies profondes et intenses ! Combien nous retrouverions de bonheur en nos âmes, nous qui, sur cette Terre pourtant si belle – mais où se versent tant de larmes et de sang – courons sans relâche après lui pour tenter de le serrer quelques fugaces instants ! Nos cœurs, s'ils le savaient vraiment, éclateraient de tant d'insupportable...

Oui ! bien des danseuses et des danseurs aidés de leurs chorégraphes, essayent de restituer[1], au prix d'une discipline

1 En Europe, en Asie et notamment en Indonésie, où les danseurs se dotent d'ongles postiches extrêmement longs, pour accentuer encore l'élégante finesse des membres et la grâce du mouvement.

physique difficile à concevoir pour ceux qui ne l'ont jamais pratiquée, l'apparence et le comportement des corps éthériens. Ces corps disposaient, semblablement au corps humain, de bras et de jambes. Mais leurs jambes n'avaient pas besoin de pieds : le corps n'avait pratiquement aucune masse. Il ne subissait donc pas les dures lois de la pesanteur contre lesquelles les danseurs terriens doivent lutter. Et, s'ils en éprouvaient les effets, c'était si légèrement, qu'il était (et qu'il est toujours) facile pour les Éthériens, de se mouvoir constamment comme en état de lévitation.

Nous pourrions encore comparer les membres et le corps des Éthériens à des flammes assemblées. Globalement, l'apparence en était celle du corps humain, tel que nous le connaissons sur Terre, mais les doigts des mains n'étaient pas différenciés comme chez l'être humain terrien. Les mains n'avaient qu'un seul pouce opposé à une sorte de palme, allongée telle une feuille. Les traits des visages étaient fins également, avec un front haut et de grands yeux en amande. Les corps étaient élancés et plus grands que les corps humains : trois mètres et plus.

Dotés de tels corps, les Éthériens vivaient de sept à huit cents ans sur leur planète d'origine. Désormais, ils vivent aux alentours de quatre cents ans. Non que leurs véhicules corporels soient devenus vieux, comme vieillissent ceux de la 3ième dimension, mais pour la raison qu'il est plus intéressant de vivre de nouvelles expériences dans un nouveau véhicule corporel. Alors, il y a déconnexion et dissolution de l'ancien véhicule et génération d'un corps nouveau, dans la 5ième dimension (ou dans une autre), sur une planète et avec des conditions d'existence choisies afin de contribuer au mieux à l'évolution spirituelle de l'être. Dans la 5ième dimension, il n'y a pas (sans doute cela vous étonnera-t-il) d'engendrement par le moyen des corps, comme nous le connaissons sur terre. Les entités sont cependant de sexe masculin ou féminin, ou plutôt de polarités différentes et complémentaires. Mais les hommes de la Planète Dorée n'étaient pas dotés de cet appendice qui fait sur terre cette minime différence aux conséquences incalculables, ils n'en auraient fait nul emploi. Il est véridique que "les anges n'ont point de sexe" ! ...

Bien sûr, sur la Planète Dorée, ces formes très fluides étaient habillées. Cependant le plus couramment, elles étaient revêtues avec simplicité de vêtements semblables à une deuxième peau, très souple et légère, permettant notamment de protéger le corps de certaines radiations, d'une part émises par le Soleil et, d'autre part, générées par les activités de certains êtres de la Planète appartenant au peuple des "serviteurs de l'*ombre*". Les couleurs de ces vêtements pouvaient être variées, et servaient à indiquer l'activité ou la fonction de l'être qui les portait. Mais tout cela était fort discret, car la simplicité était considérée comme une des plus hautes vertus. Les cheveux étaient portés longs et assemblés élégamment et sobrement. Parfois, ils étaient recouverts par un prolongement du vêtement, tel un petit capuchon enserrant la tête, afin que l'être puisse être identifié plus facilement encore. Chez ces habitants de la Planète Dorée, serviteurs de la Lumière, il n'y avait pas de tenues excentriques et voyantes, alourdies de parures diverses.

Mais ils n'étaient point les seuls sur cette planète. Deux peuples forts différents l'habitaient. Leurs coutumes et leurs mœurs n'ont rien de commun. Je propose au lecteur d'y revenir plus tard, préférant, ô combien ! lui parler d'abord de ceux que j'aimais et avec lesquels je passais le plus clair de mon temps.

DES CAPACITÉS QUE BEAUCOUP ENVIERAIENT

Si le corps était léger, l'âme l'était également. Le bonheur de vivre accompagnait le plus souvent chacun tout au long du jour. Comme on aimait (et aimons toujours) plaisanter avec gaieté et avec humour ! Non pas de cet humour de dérision qui met tellement mal à l'aise celui qui en est l'objet, mais un humour de circonstance portant sur le monde et les choses un regard amusé, tel que nous pourrions imaginer sur Terre que les bons anges plaisantent, avec saine irrévérence, des complications que se font les hommes des affaires de religion, de politique, d'économie, de rentabilité, de richesse ou d'apparence corporelle notamment...

Le secret de cette joie de vivre réside en une chose bien simple, et pourtant si difficile à obtenir pour nous autres de la Terre, devenus hommes parmi les hommes : la pureté du cœur et de l'âme. Comment celle-ci leur était-elle possible, alors qu'elle nous est si difficile à acquérir sur Terre désormais ? Les bains et autres ablutions, les confessions à un prêtre lorsque l'on croit, les drogues ou cures de sommeil, les psychanalyses ou autres thérapies, les réincarnations multiples... nous permettent bien difficilement d'y prétendre, à l'exception de ces quelques rares privilégiés que nous appelons des saints et qui, pourtant, n'eurent pas toujours des vies d'une pureté exemplaire. Sans doute se sont-ils sanctifiés, grâce à Dieu. Mais comment cela pouvait-il donc se faire sur la Planète Dorée, pour une part de sa population, et sans l'entremise directe de notre Créateur ?

L'explication en est simple et... limpide. Elle réside en une forme de transparence lumineuse, vécue en tous les instants. Les Éthériens de la Planète Dorée, serviteurs de la Lumière, sont des télépathes puissants, aux facultés de clairaudience et de clairvoyance d'une grande acuité. En présence ou non d'un interlocuteur, et pour quiconque le veut, il est d'une grande facilité de se "brancher" sur lui, que l'on veuille entrer en communication, faire connaissance, ou connaître ses pensées. Ainsi, nous savons bien mon épouse et moi que, lorsque nous faisons connaissance d'un nouvel Éthérien du côté de la Lumière, il peut spontanément consulter toutes nos mémoires qui se présentent à lui, telles un livre ouvert au grand jour. Oui ! tous mes Frères peuvent savoir, à tout instant, où je suis, ce que je fais, vis, pense et ressens... Et nous-mêmes pouvons, à tout instant, nous connecter à eux !

Certains se diront peut-être que tout cela peut sembler bien contrariant. Comment vivre parmi les autres sans son jardin secret, son jardin intime, bref ! sans une part de soi inaccessible à tout autre, fut-il Dieu. Comment est-ce même concevable?

Cependant, si nous ne traînions, après quelques séjours sur Terre, autant de "gamelles", comme aime à le dire une de nos amies, druidesse impénitente ! Ces "gamelles" ne sont rien d'autres que toutes nos culpabilités, elles-mêmes fruits du jugement, lequel n'est à son tour que le fruit véreux de l'ignorance et de l'inconscience, mûri dans l'*ombre* épaisse fréquentée par tous ceux, des plans visibles et invisibles, qui trouvent la bonne aubaine d'y imposer leurs terrifiants pouvoirs d'aliénation... à quiconque consent à s'abandonner dans la complaisance et la confusion. L'inconscience, ainsi que Sigmund Freud l'avait compris, s'en trouve alimentée et renforcée, avec tout son lot de mécanismes de défense, ses élans de paranoïa, ses besoins de domination et de pouvoir, de possession et de sécurité, de mensonge et de dissimulation, de dénégation, de volonté d'oubli et de perte d'intégrité.

Alors, comme fruit que l'on voudrait le plus superbe, vient à s'enfler l'image de soi, dans toutes les façades d'orgueil qu'il peut donner à paraître, et dans tout l'égoïsme qu'il peut nourrir. Que de violences alors viennent à surgir, contre les autres surtout, et contre l'environnement extérieur ! Que de projections assorties d'autant de jugements... et venant à décréter le bien, le mal, le beau ou le laid, le vrai ou le faux ! *Pour être un homme plus tard, mon fils, tu devras faire ceci, comme cela !* Tout cela n'étant que les fruits contrefaits d'une volonté de pouvoir et de puissance sur l'autre, générés par un confus sentiment de faute aux arrière-plans innombrables.

Comme de telles injonctions étaient pour nous inconcevables ! Le bonheur de vivre chaque instant dans sa plénitude et son abondance s'accompagnait d'un respect que nous ignorons sur Terre, le plus communément. Comme notre vie serait plus simple et belle si nous portions seulement en nos cœurs et en nos âmes, un dixième de ce respect total des autres êtres. Le respect de qui ils sont, de leurs pensées, de leurs sentiments, de leurs choix, et surtout de leur absolu libre arbitre ! Bien sûr, il peut nous être donné de rencontrer, sur Terre, ce type de respect. Nous le rencontrons spontanément chez certains enfants qui sont de grandes âmes, et chez ceux qui se sont accomplis en tant que tels, bergers, êtres aux vies simples et humbles, parfois grands chercheurs ou hauts responsables ayant beaucoup travaillé et servi leurs semblables, leurs frères (à deux ou à quatre pattes), ou toute autre manifestation de la Vie, y compris la vie minérale et la vie végétale. L'Amour et la Lumière que l'on porte en soi permettent seuls de former et de concevoir ce respect bienveillant. Mais Amour et Lumière ont tous deux une même source nécessaire : le rapport vécu au divin, profondément ressenti comme habitant tout être, toute chose ou toute manifestation. Dieu ne juge ni ne contraint ; il laisse à ses créatures leur libre arbitre absolu. Lorsqu'un croyant (voire toute une communauté) rencontre une difficulté qui n'est que la rétribution de ses actes, en vertu de la loi universelle de cause à effet, encore appelée karma*, il crie que son Dieu l'abandonne... mais il s'était auparavant lui-même abandonné.

Ainsi, chacun était-il dans le respect du libre arbitre de l'autre, n'interférant jamais en rien de ce qui concernait ce libre arbitre, et *ne jugeant pas*. Comme cela nous est difficile sur Terre, sinon inconcevable. Même l'être le plus aimant et respectueux, se croit obligé de donner des conseils au frère qu'il aime le plus, au conjoint, au parent, à l'ami. Ainsi, sur la Planète Dorée, nous ne souffrions pas ce que nous endurons sur Terre : chacun pouvait être transparent, et recevoir en toute transparence – et non plus en opacité et gauchissement – toutes les informations provenant d'un autre être, quel qu'il soit et quel que soit son règne. Chacun pouvait de même développer des facultés de voyance dans le temps et l'espace. Rien n'était scellé, tout était libre et cependant empli d'une exigence intérieure impérieuse. Tout cela était et tout cela demeure pour les Éthériens de la 5ième dimension.

LA BELLE VÉNUSIENNE

J'aimerais, pour illustrer ce respect et ce non-jugement, vous relater une histoire récente en laquelle je fus impliqué, ainsi que mon âme jumelle.

Alors que j'étais en déplacement pour des raisons professionnelles, je dînais un soir dans un restaurant indien, dont j'affectionne les plats et la qualité du service, si souvent accompagné d'un magnifique sourire. J'étais seul, savourant un poisson au curry. En mon esprit, finissaient de s'agiter les préoccupations de la journée. Devenant plus disponible et réceptif, je perçus soudain la présence invisible d'un de mes Frères de l'Éther, si légère, si belle, si paisible et bonne. Comme je fus heureux de cette présence qui s'était manifestée ! Les autres clients du restaurant ne pouvaient certes imaginer que je fusse en si douce compagnie, sinon à mon air bienheureux. D'autant que cette présence était féminine (ô combien !), mais fort discrète, sinon craintive. Nous nous saluâmes et restâmes à partager le bonheur de cette reconnaissance fraternelle et subtile. Je pris congé, promettant à l'inconnue de revenir.

Un fait m'avait frappé dans ce restaurant indien : la présence assez exceptionnelle d'une fort belle statue de la Vierge, à la robe d'un bleu délicat parsemée d'étoiles, debout dans une grotte agrémentée du fac-similé d'une petite cascade. Revenu chez-moi le lendemain, je parlais à mon épouse bien-aimée de cette ineffable rencontre et lui demandais, elle dont les facultés de clairaudience étaient plus développées que les miennes (qui concernent surtout la vision subtile – nous sommes ainsi très complémentaires), si elle voulait bien m'accompagner pour un prochain voyage en cette capitale régionale, afin que nous essayions de nouer relation avec l'Éthérienne.

Trois semaines plus tard nous sommes retournés dîner dans ce restaurant. L'inconnue était là. Nous nous saluâmes en esprit. Elle exprima sans attendre sa joie de rencontrer une autre femme avec laquelle elle put converser. Cela ne lui était jamais arrivé depuis qu'elle était là. Et puis, elle trouvait sa robe belle, comme la robe de la dame représentée par la sculpture. Cela lui rappelait les robes fluides de sa mère et de ses sœurs qu'elle n'avait pas vues depuis si longtemps. Nous lui dîmes qui nous étions et comment nous la percevions. Mais elle resta sur une prudente réserve pour ce qui la concernait, et nous dit peu de choses à son propos, sinon qu'elle était heureuse d'être là. À notre étonnement de la trouver en ce lieu, elle répondit qu'elle avait longtemps cherché dans cette ville inconnue, et avait choisi ce lieu pour la belle dame à la robe bleue pâle. Et puis, beaucoup de gens allaient et venaient et la plupart étaient gentils. Bien sûr, elle espérait bien, depuis longtemps, nouer conversation avec quelqu'un. Cela lui manquait un peu. Alors nous lui avons promis de revenir le lendemain soir. Peut-être accepterait-elle de dire au moins son nom...

Mon épouse était d'accord avec moi, ce n'était point une désincarnée, mais bien une Éthérienne. Celle-ci était manifestement perdue, et même choquée, n'ayant pour seul repère que la mémoire de formes féminines qui furent aimées. J'avais eu, en interrogeant en esprit le passé de l'inconnue, des flashs d'un engin explosant et s'abîmant au sol, suivi d'impressions d'obscurité et d'égarement : un naufrage sur Terre.

Son sourire était grand et le bonheur de nous revoir, manifeste, lorsque nous sommes réapparus le lendemain soir. Elle nous dit rapidement s'appeler Aguila et que, depuis notre dernière conversation, des souvenirs lui étaient revenus en grand nombre. Bien sûr elle n'était pas de la Terre, mais de Vénus. Elle avait sollicité une mission sur Terre, mais ne savait plus laquelle. Elle ne savait pas ce qu'étaient devenus ses autres compagnons de bord, après l'accident survenu lors de la transition pour aborder la Terre. Elle avait erré longtemps, ayant perdu toute mémoire, et avait abouti là, les gens étant gentils et la dame en bleu lui rappelant de chers souvenirs. Elle décida d'y demeurer.

Nous lui expliquâmes que nous étions en relations permanentes avec les Éthériens d'un vaisseau-mère et que, si elle le désirait, nous pouvions parler d'elle à ses Frères. Elle corrigea ce terme et expliqua que ceux que nous appelions Frères, elle les appelait Cousins. D'ailleurs Ashtar, le Commandant en chef de la Flotte Intergalactique était son Oncle. Nous fûmes honorés et surpris d'avoir à nos côtés la nièce d'un être si important. Nous dûmes rapidement perdre cette illusion qui flattait notre vanité. Ashtar était appelé ainsi, car le plus important n'était pas son grade, mais le fait que chacun puisse s'adresser à lui comme à quelqu'un de sa famille, non comme à un père à qui l'on devrait se soumettre, non comme à un frère auprès de qui l'on pourrait s'abandonner, mais comme à un Oncle, soucieux de vous aider. Tous les Éthériens étaient donc les cousins d'Aguila, et nous le devenions également. Cela nous fut doux à entendre. Et, en membres de la famille, nous l'invitâmes à venir chez nous, à la campagne. Mais elle ne connaissait pas la campagne. Nous prîmes la comparaison d'un grand et beau parc de la ville. Elle le connaissait et s'y rendait souvent pour y admirer les fleurs et les arbres. C'était comme cela la campagne ! Alors, elle serait heureuse de nous accompagner... Comment ? Mais avec notre voiture que nous lui avons promise confortable et relativement silencieuse. L'affaire était donc conclue, nous la ramènerions après un court séjour.

Nous redemandâmes à Aguila si elle était désireuse de revoir ses Cousins et de retourner dans un vaisseau. Revoir ses cousins, bien sûr ! mais retourner sur un vaisseau et quitter cet endroit, elle ne le savait pas vraiment. Mais nous pouvions leur parler d'elle et nous revoir encore.

Nos Frères/Cousins du vaisseau mère nous remercièrent de les informer de la présence d'une Éthérienne perdue dans cette grande ville. À partir des informations que j'avais enregistrées dans mes mémoires et que je les autorisais à consulter, ils essayeraient de retrouver son identité dans leurs registres informatiques. Quelques jours passèrent et il nous confirmèrent qu'Aguila était bien répertoriée selon son numéro de mission, que sa navette avait été détruite lors de l'arrivée sur Terre et qu'ils avaient perdu toute trace, les "balises de détresse" n'ayant pas dû être activées en temps utile. Mais Aguila était bien de leurs rangs, et ils suggérèrent qu'à notre prochain voyage, l'un des leurs nous accompagne à partir de la 5ième dimension.

J'avais, quelques semaines plus tard, un séminaire de deux jours dans cette ville. Le soir, accompagné de mon épouse, nous retournâmes au restaurant indien. Aguila, très heureuse, nous y accueillit. Elle fit de nouveaux compliments à mon épouse pour sa nouvelle robe et nous expliqua que beaucoup de choses étaient encore remontées à sa conscience. Nous lui parlâmes plus en détail du lieu où elle nous accompagnerait, comment nous étions en relation avec ses cousins, comment nous avions accepté de travailler avec eux et, étant dotés de corps physiques, d'être pour eux sujets d'expériences, mais encore comment nous avions été soignés et opérés par les thérapeutes de l'éther... La soirée s'acheva avec douceur sur la promesse que nous nous retrouverions pour le départ, le lendemain à 18 heures.

Ma femme me raconta, lorsque je la retrouvais après mon travail, comment l'Éthérienne l'avait, tout l'après-midi, accompagnée avec grande discrétion. Effectivement elle était là, à quelques pas, légèrement au-dessus du sol.

Nous prîmes le chemin du restaurant. Soudain nous aperçûmes, ce qui nous met toujours le cœur en fête où que nous soyons, la présence, au-dessus de la ville, d'un grand vaisseau stationné dans l'éther, et manifesté par ces phénomènes lumineux que les météorologistes appellent parhélies* (la page de couverture en représente une). Ils expliquent ces phénomènes lumineux très beaux, aux couleurs d'arcs-en-ciel, par la présence dans les hautes couches de l'atmosphère, de petits cristaux de glace. Certes, mais il est d'autres corps qui permettent, tels d'immenses prismes de cristal, de décomposer la lumière en ces sphères ou franges de couleurs si belles et diaphanes... des corps d'une dimension et d'une technologie inconcevables pour nous, bâtis par des êtres intelligents. Nous étions donc doublement accompagnés.

Aguila nous attendait à l'endroit convenu, dans la rue. Elle nous accompagna jusqu'à notre voiture et nous partîmes pour le voyage du retour. Elle fut émerveillée par l'endroit où nous habitions et affirma que c'était beaucoup plus beau et pur que la ville, que la vibration surtout y était tellement plus élevée. Elle ne voulut pas entrer dans notre demeure, tellement elle était heureuse d'être dans ce cadre de verdure. Et puis, elle voyait bien qu'elle faisait peur au chat à la grosse queue touffue. Cela la peinait un peu. Elle ne voulait pas le déranger. Et puis, elle savait qu'elle pourrait rester tout le temps qu'elle désirait chez nous.

Des contacts s'établirent avec le vaisseau-mère. Elle put bientôt s'y rendre après avoir satisfait à toutes les procédures de contrôle et de purification. Mais, si elle était heureuse d'avoir retrouvé ses semblables – ses Cousins – elle préférait tellement le cadre de verdure paradisiaque où nous habitions sur la Terre!

Elle continua de recouvrer ses facultés et un jour, pour en donner exemple, accepta de vérifier si mes facultés de clairaudience n'étaient point altérées, comme je le craignais. Elle vérifia et m'assura que mon "transcodeur" était en parfait état. Mais, puisque je ne trouvais pas son rendement suffisamment performant, elle demanderait, si je le voulais bien, à ceux du vaisseau d'établir un diagnostic plus fin. Ce fut, là encore, une expérience merveilleuse qui me permit de découvrir que le fonctionnement de mon "transcodeur"[1], était seulement altéré par des suggestions et des manipulations dont j'avais souffert en d'autres temps et en d'autres lieux que la planète Terre, et qu'il suffirait que je retrouve la conscience exacte de ces moments pour recouvrer toutes mes facultés – ce que j'entrepris sans attendre (ces autres explorations pourraient constituer la matière d'un livre de quasi fiction).

Ainsi, je fus aidé par l'entremise de celle que nous avions aidée. Car la loi du "retour d'un service donné" est, elle aussi, sacrée.

Cette histoire vécue, je vous l'ai racontée pour en venir au fait suivant qui vous dira, je crois, combien les Éthériens n'interfèrent pas dans le libre arbitre d'un autre être. Lorsqu'un jour nous les questionnâmes pour savoir s'ils souhaitaient

---

1 Pour expliquer cette fonction du "transcodeur", nous pourrions faire appel à cette notion de neurophysiologie concernant l'harmonisation du fonctionnement des deux hémisphères cérébraux, droit et gauche. Comment exprimer rationnellement et verbalement par le cerveau gauche, ce qui est clairement et intuitivement perçu par le cerveau droit ? Le flux, d'une si grande richesse et rapidité, émanant en buissonnement du cerveau droit, doit prendre le chemin de la "conduite forcée" du cerveau gauche linéaire et si lent, afin que le mental puisse y conduire ses investigations logiques. Ainsi, en clairaudience, on peut avoir conscience de l'intention de l'interlocuteur, de ses émotions, du sens global de son discours, mais il faut "transcoder son discours" en des significations intelligibles et claires, dans un code convenu et maîtrisé ! Cette translaboration est aisée pour certains êtres, plus difficiles pour d'autres, voire impossible... si le cerveau droit ne peut servir d'interface à ce qui est perçu en esprit, et le cerveau gauche de traducteur-transcodeur.

qu'Aguila revint sur le vaisseau parmi eux, ils nous répondirent que la décision lui en revenait entièrement. Mais quel sera son devenir sur cette Terre où elle ne pourrait vivre les conditions de la 3ième dimension que dans son corps d'éther ? Elle seule pouvait savoir et faire choix de son devenir. Ils ne pouvaient interférer le moins du monde.

Sachez néanmoins qu'il ne fallut pas beaucoup de semaines pour qu'Aguila, un jour, revint nous dire qu'elle retournait avec les siens et qu'elle avait accepté une nouvelle mission pour servir l'humanité, car c'était cela le plus important de tout : servir les autres êtres. Nous nous promîmes de nous revoir quand l'occasion s'en représenterait. Une amie qui nous était devenue si chère nous quittait, pour de nouvelles œuvres. Elle avait, en trois semaines, recouvré toutes ses facultés et repris du service.

Ainsi, nous avions vécu une nouvelle fois cette immense attitude de respect et de non-ingérence, sous-tendue par une infinie et exigeante compassion qui est la marque des êtres de l'Éther ayant fait choix de servir la Lumière.

Mais revenons à ce que furent leurs conditions et modes de vie sur la Planète Dorée.

VIVRE SUR LA PLANÈTE DORÉE

Combien les souvenirs me sont doux! De loin, nous pouvions voir se dresser, entre le vallonnement des collines jaunes dorées, les hauts bâtiments en forme de "pain de sucre", complètement harmonisés avec le paysage dépourvu d'arbres ou de plantes. En nous approchant, nous pouvions distinguer plus facilement de grands encorbellements disposés en quinconce sur la façade courbe. Aucune ligne droite qui fut déterminée par les concepteurs. Tout était construit en courbures harmonieuses. Ces encorbellements formaient autant d'immenses balcons emplis de lumière.

Une ville était constituée de quelques-uns de ces bâtiments seulement. Car ces bâtiments, en eux-mêmes, constituaient de véritables villages avec rues, carrefours et échangeurs, qu'empruntaient des véhicules oblongs se déplaçant en sustentation, sans bruit aucun. Ces véhicules mis à disposition de chacun, permettaient de se déplacer en tous lieux, à l'intérieur du site ou à l'extérieur. Ils pouvaient transporter jusqu'à six passagers. Au-delà, et pour des expéditions lointaines, des véhicules plus grands étaient empruntés, conduits par un pilote.

Dans ces rues, identifiées par de jolies icônes schématisées, le quidam terrien aurait été sans doute fort déçu de ne découvrir aucun magasin, aucun bistrot, aucun restaurant ni lieu de distraction ou de plaisir. Et pourtant, comme la vie y était belle et fort active, sinon industrieuse.

Les lieux étaient en effets regroupés en centres de vie et d'activité. Il y avait des lieux pour tel type de recherche, tel type d'activités techniques, sociales ou culturelles et, bien sûr, des lieux privés.

J'imagine que vous pourriez être curieux que je vous décrive quelques-uns de ces lieux dans leur spécificité. Mais auparavant, il me faut revenir sur les facultés dont il est si facile de disposer dans l'Éther de la 5ième dimension. Vous comprendrez ainsi pourquoi les habitants de la Planète Dorée n'avaient nul besoin de magasins, de cafés ou de restaurants. Sans doute cela sera-t-il assez difficile à concevoir pour nos mentalités terriennes, si conditionnées par toutes les contraintes devant être maîtrisées pour simplement exister dans la 3ième dimension.

La 5ième dimension est spécifiquement la dimension de la création pure et simple. Désirez-vous consommer un mets délicat, au fumet subtil et aux couleurs appétissantes, cela est d'une évidence première : vous le créez, par la seule puissance de votre esprit. Encore est-il nécessaire qu'auparavant vous ayez “pénétré” ce mets en tous ses constituants les plus intimes, en chacune de ses formes, goûts et couleurs. Ainsi, chaque “connaissant” devient-il créateur, tel un magicien faisant surgir, semble-t-il “ex nihilo”, les mets les plus recherchés, les étoffes les plus belles ou, comme dans le conte des “mille et une nuits”, le palais le plus fabuleux.

Nos mythes et nos contes, notre histoire et nos religions, sont emplis de ces facultés appelées “magiques”. Qui n’a rêvé avec Merlin l’enchanteur, Aladin et son bon génie, Cendrillon et sa bonne fée, Alice au Pays des merveilles ? Qui ne s’est interrogé sur les miracles réalisés par notre Maître Jésus ou par l’un de ses humbles soldats comme le merveilleux Maître Philippe ou, plus près de nous, Raymond Réant ? Les réminiscences profondes de l’exercice de ces facultés fleurissent dans les traditions de tous les peuples, s’expriment dans tant de leurs mythologies, dans tant de leurs œuvres ! Ah, si les psychologues savaient mieux jusqu’où plongent les racines de ce qu’ils appellent – avec raison le plus souvent, mais à tort quelquefois – les “mentalités magiques” ! ...

Ces facultés étaient utilisées en permanence, supposant seulement du créateur qu’il soit un “connaissant” de ce qu’il désirait produire. Ainsi étaient produits les aliments, les boissons, les vêtements, les objets de la vie courante... les ordinateurs et les vaisseaux. Pour ces derniers, plus complexes, des experts ou techniciens spécialisés étaient bien sûr nécessaires. À part cela, chacun pouvait nourrir et embellir sa vie, à la hauteur de ses propres capacités. Nul besoin donc de magasins, ni de cet argent ayant tellement dévoyé les actions et les comportements au point que, sur Terre, les questions politiques ne soient plus guère considérées que sous leurs seuls aspects économiques et financiers, et que les problèmes de la cité ou même des individus, ne soient réduits qu’à leur seule dimension financière. Alors, ces considérations matérielles viennent-elles s’accompagner de tous leurs cortèges : besoins de possession, d’amassement, d’épargne, de sécurité et de défense, de pouvoir et de force... et de leurs corollaires : le vol, la combine, la corruption, le rapt sinon le meurtre, au plan des individus, des groupes ou des états...

Mais revenons à des dimensions moins inhumaines ou trop "humaines". Imaginez que vous n'ayez besoin d'aucun argent, ni de vous déplacer pour vous procurer, produire ou acheter, des aliments ou de la boisson, des vêtements ou tout objet utile à la vie de tous les jours. Imaginez que vous puissiez créer tout cela à votre guise, selon votre inclination du moment. Imaginez que, pour le repas vous ayez envie de déjeuner ou de dîner dans une vaisselle de vermeil ou de cristal, ou de porcelaine chinoise finement décorée, et que cela ne dépende que de vous pour le créer sur l'instant ! ... Sans doute verriez-vous la vie avec infiniment plus de sérénité et de bonheur. N'est-ce pas ?

Rendons-nous maintenant dans un édifice considéré comme un des plus importants : la Bibliothèque Centrale. Celui qui fréquente les bibliothèques sur Terre aurait été surpris de ne voir aucun livre dans cet édifice, grand comme une cathédrale de cristal emplie de lumière, mais sur les rayonnages en verre, des petits blocs cubiques[1], eux-mêmes translucides. Et dans cet immense espace, d'innombrables petites tables agrémentées de jolies lampes, telles des sculptures faites de verres colorés. Le lecteur intéressé d'y consulter un "cube", venait s'y asseoir, et s'y recueillir.

Car il s'agissait bien de lire, mais comme on lit des pensées. Une comparaison éclairera le lecteur je l'espère : celle de la psychopathotactie[2]. Il ne trouvera pas ce terme dans un dic-

1 Raymond Réant est le premier à avoir décrit ces cubes qui, selon lui, étaient en usage en Atlantide (ce qui est on ne peut plus logique, nous verrons pourquoi sur le chapitre consacré aux mémoires atlantes).

2 Raymond Réant a créé ce néologisme afin de remplacer le terme ambigu de "psychométrie", créé par le médecin américain J. Rodes Buchanan, "qui fut le premier a déceler la faculté de certains sujets capables d'identifier un médicament placé dans une enveloppe opaque et cachetée ou pouvant décrire l'auteur d'une lettre manuscrite", écrivent Raymond Réant et Alain Sotto, dans leur livre : " *Les pouvoirs étranges d'un clairvoyant*" (Editions Sand et Tchou).

tionnaire, si ce n'est dans un dictionnaire de parapsychologie – si tant est qu'un tel ouvrage existe. La psychopathotactie est la pratique selon laquelle nous pouvons lire les mémoires d'un objet quelconque. Ainsi, on vous remet une pierre travaillée de main d'homme et l'on vous demande d'en retrouver l'origine, l'usage, ou de décrire ceux qui l'avaient sculptée ou qui s'en servaient, ceux qui l'avaient possédée au cours de l'histoire, etc. Si nous savions combien les objets qui ont "vécu" sont chargés de mémoires, nous ferions plus attention à ceux que nous amassons dans nos lieux de vie ou que nous portons sur nous ! Mais il est une autre pratique en parapsychologie, qui est de pénétrer la structure moléculaire d'un tissu vivant par exemple, en y allant voir, tout simplement, avec les yeux de l'esprit, et sans le truchement d'un coûteux microscope électronique. Vous pénétrez la molécule, ou même l'atome, et regardez la danse des particules qui les composent. Ou encore, recevant une lettre, vous prenez connaissance du contenu, en contemplant l'enveloppe... Certains êtres peuvent le faire aussi aisément que vous, vous liriez l'heure sur votre bracelet-montre.

C'était sur ces principes que reposait la "lecture" éthérienne. Vouliez-vous connaître les plantes qui existaient alors sur la Terre ? Vous demandiez le cube correspondant et vous vous installiez à une table, en le prenant dans vos mains-palmes sensitives. Alors apparaissait à votre esprit tout ce que vous pouviez désirer connaître de ces plantes : espèce, forme, habitat, conditions et environnement propices, mode de reproduction, structure moléculaire ; mais encore connaître (ce que nous ignorons tant sur Terre) ses corps éthérique, astral et mental et surtout son esprit, son "génie" propre, sa signature dirait Jacob Boehme, ses vertus et propriétés spécifiques : nutritives, médicinales, aromatiques, tinctoriales, etc. Vous pénétriez ainsi l'être même de cette plante. Vous pouviez de cette manière la co-naître au sens littéral du terme : vous pouviez "naître avec". Vous deveniez connaissant véritable, et non pas seulement encombré d'un savoir théorique, certes intéressant, mais tellement éloigné de la Vie même d'un être humain, animal, végétal ou minéral. Vous pouviez être cet Être, dans une connaissance et une intelligence du cœur et de l'esprit – sans computations mentales superflues- qui ne pouvaient que vous permettre de l'admirer et de le respecter profondément. Il en était de même pour tout objet de connaissance désiré, répertorié dans l'univers, où que ce soit, et dans quelque dimension que ce soit.

Je tremble d'imaginer l'usage que, sur Terre, seraient capables de faire certains êtres avides de pouvoirs, d'autorité ou de notoriété, de ces facultés donnant accès à tant de connaissances. Fort heureusement, ces seules avidités – le lecteur doit le savoir – oblitèrent à jamais les capacités que je viens de décrire et que tout individu peut détenir. S'il est habité par de tels désirs ou simplement par le doute ou la peur, même les plus légers, l'individu s'engage dans la spirale descendante et terrible de l'ignorance à laquelle bientôt il voudra se cramponner, surtout pour dénier à tout autre ces divines et ordinaires facultés... Alors naissent les guerres.

Mais nous étions, sur ce côté lumineux de la Planète Dorée, tels ces enfants que Dieu appelle et qui désirent, de tout leur esprit et leur âme pure, toutes les connaissances que l'on peut acquérir afin de mieux co-naître, c'est-à-dire encore mieux aimer, respecter, et servir... Des milliers de vaisseaux, stationnés dans la 5ième dimension, ne sont là que pour cela. Mais il en est d'autres également dont nous parlerons plus tard.

D'autres lieux vous intéresseraient certainement, comme ces agora où nous aimions nous rencontrer. Sans doute n'y avait-il pas de bistrot sur la Planète Dorée, mais il y avait des lieux où l'on aimait se rencontrer entre amis ou faire connaissance. Ces lieux étaient spacieux, aménagés d'endroits prêts à nous accueillir et nous envelopper. Il en était ainsi des sièges tout d'abord, et qui méritent mention particulière. Nous ne nous asseyions pas sur de tels sièges, mais dedans. En effet ces sièges, créés par la pensée, avaient la faculté de nous recevoir en eux et de nous envelopper doucement, tels des portions de nuage. Ainsi, après nous être confortablement installés et mis à l'aise, nous pouvions rencontrer ceux que nous désirions, et converser d'esprit à esprit, curieux d'apprendre de l'autre et de découvrir par ses yeux comment il voyait et aimait le monde. Que ces moments étaient doux et fructueux !

Je voudrais encore vous décrire un dernier lieu, public également, à la vocation très éclairante, je crois, de la civilisation du peuple de la Planète Dorée, serviteur de la Lumière. En ce lieu, respecté entre tous, il était possible à chacun d'être mis en rapport avec les plus hautes instances : c'était la salle du Devenir. Avions-nous besoin d'une information sur les orientations politiques de la cité, besoin d'une information sur des enseignements à recevoir, des actions à entreprendre, des missions à remplir ou simplement d'une guidance personnelle sur toute question concernant notre devenir ? Nous pouvions nous rendre, sans autre forme de procès, à la grande "salle du Devenir".

Cette salle était un peu semblable à une nef emplie de lumière. Nous y entrions par une haute porte de plein cintre et nous nous dirigions vers une des colonnes, formant sellette en son sommet, située à hauteur de notre buste. Par notre seule intention mentale nous manifestions notre présence. Le visage d'un être apparaissait alors sur la sellette, en hologramme, et s'enquérait de la nature de notre demande. Souvent nous étions attendus. Il suffisait pour cela que notre intention de venir fut forte, et l'objet de notre quête précis, afin que notre pensée soit reçue télépathiquement. Dans l'un ou l'autre cas, apparaissait bientôt devant nous le haut spécialiste de la question sur laquelle nous désirions obtenir renseignement ou guidance personnalisée.

Les êtres qui se mettaient ainsi à notre disposition étaient de véritables sages et de grands connaissants. Réunis entre eux, ils sondaient l'avenir et présidaient aux orientations et aux destinées du pays. Chacun pouvait avoir la possibilité de prendre contact avec eux et, en obtenant guidance, d'orienter son devenir de la façon la plus harmonieuse, conciliant ses besoins propres et ceux de la cité, et réunissant ainsi le maximum d'atouts pour son devenir personnel, inscrit dans une perspective commune. Mais je me dois de rappeler que le libre arbitre était, en toute chose, absolument et d'abord respecté. Pas un instant il n'aurait été concevable que quiconque, fut-il le plus sage et averti des êtres, prenne décision à votre place.

La part de Devenir dont chacun était personnellement porteur était considérée comme la richesse la plus grande et bénéfique pour le Devenir de tous. Ce Devenir, n'eut-il reposé que sur de vagues potentialités, était considéré comme bien plus important que le plus valeureux, ou misérable, des passés. Et si des médailles avaient été décernées, ce n'eut pas été pour récompenser des mérites passés, mais plutôt encourager des mérites à venir. Il en est toujours de même dans les rangs des Éthériens serviteurs de la Lumière. Et les distinctions n'y existent pas... Je demande au lecteur de s'en souvenir lorsque je l'inviterai à parcourir certains épisodes de vies qui pourraient lui paraître illustres.

Mais en dépit de tout cela – ou pour cela justement – quelques Éthériens, par trop grande curiosité le plus souvent, prenaient le chemin du "peuple de l'*ombre*" dont je me dois de parler maintenant ; bien que j'eusse préféré n'en faire jamais mention. Mais hélas ! notre Planète Bleue ne les connaît que trop bien également, dans leurs terribles et préoccupantes menées.

LES HABITANTS DU CÔTÉ DE L'*OMBRE*

Toute planète est un lieu où une entité, quelle que soit sa planète d'origine, vient expérimenter une forme de vie, comme dans l'une des "maisons" innombrables du Créateur.

Aussi, sur la Planète Dorée, venaient pour leur évolution des entités originaires d'autres planètes, et parfois d'autres galaxies. Ils y venaient pour développer notamment les aptitudes qui s'y trouvaient cultivées, ou pour accomplir un destin personnel, que ce fut au service de la Lumière ou au service de l'*ombre*. Car en tout lieu où se trouve la Lumière, l'*ombre* vient rôder alentour, et en prendre les apparences toutes faites d'artifices.

Pour le comprendre et constater, il n'est que de regarder ceux qui, pour la plupart, s'imposent comme gourous ou directeurs des consciences ou des peuples : mandarins aux dents longues, imams aux appétits de toute puissance, führer ou autre caudillo mégalomane et paranoïaque. Il n'y a qu'à regarder enfin ceux qui les suivent et deviennent les porteurs, très ostensiblement, des tenues et parures marquant leur soumission aux consignes, ordres ou diktats du grand manitou du jour, régnant sur des sujets admiratifs, sidérés ou apeurés.

Notre époque, en cette fin de siècle, est féconde en situations de cet ordre. Ainsi, ont été "suspendus" dans leurs agissements terribles et souvent inconcevables (dont certains passablement grotesques et caricaturaux), des gourous ayant étendu leurs pouvoirs discrétionnaires sur des sectes à la tragique renommée. Celles-ci d'ailleurs, bénéficiant souvent de nombreuses protections, en dépit de leurs sinistres menées et des arrestations rendues publiques de leurs grands maîtres, conservent en leurs rangs des adeptes ayant abdiqué toute volonté propre, et demeurant surtout désireux de servir celle, sublime et immortelle, du Maître. Il vous intéressera peut-être de savoir que, parmi ces "grands maîtres" autoproclamés il en est certains qui avaient déjà commencé, et fort brillamment, leurs sinistres menées du temps de l'Atlantide notamment et qui avaient, grâce à d'authentiques pouvoirs, suggestionné beaucoup d'êtres pour les asservir totalement à leur cause... en leur donnant rendez-vous après leur mort physique, en des temps à venir. Ils sont revenus ça et là en notre époque de fin des temps (obscurs). Certains sont mondialement connus et révérés ! Dans cette vague très importante de réincarnations atlantes qui se font depuis les années trente se trouvent, bien sûr, de fidèles adeptes acquis à leur cause, abdiquant, dès leur apparition et au premier discours, tout libre arbitre. Si nous savions reconnaître combien nos mémoires ont de lointaines, fort lointaines racines ! Mais hélas, lorsque nous nous sommes déjà laissés abuser sans avoir voulu écouter notre intuition, il nous faut repasser par les mêmes douloureuses erreurs...

Notons encore que ces gourous se donnent le plus souvent rien de moins que les apparences ou même carrément le nom, de "christ" ressuscité. En ces fins de cycle et de siècle, "fleurissent" les maîtres aux allures christiques, au "grand ou au petit pied", tenant pignon sur rue, pour mieux abuser des êtres en quête – parfois fort intelligents et cultivés. Hélas! la vibration christique peut être copiée et beaucoup en être les victimes, somme toute, complaisantes. L'antéchrist parade de nos jours, des foules entières prosternées à ses pieds, venues de tous les continents.

Ainsi en était-il de même sur l'autre "versant" de la Planète Dorée, à ceci près que celui qui voulait étendre son pouvoir sur tout et tous, ne se donnait pas pour le Christ, mais pour un dieu tout puissant. Son apparence était terrible et sombre. Le faciès de cet être venu d'une planète lointaine de la galaxie, était fort différent des peuples originaires de la Planète Dorée. Les traits en étaient massifs, les lèvres et le nez épais. La stature était celle d'un colosse. Tout en lui exprimait une formidable puissance et une volonté impérieuse. Il se donnait, à ceux qui voulaient l'entendre, comme le Dieu suprême, à qui l'on devait totale allégeance.

La petite troupe des adorateurs qui l'avait suivi sur la Planète Dorée constituait le noyau initial des adeptes qui vinrent, progressivement, grossir leurs rangs. Ces adorateurs totalement inféodés, portaient des tenues voyantes et de nombreuses parures. Leurs cheveux étaient coiffés d'étonnante manière, une partie de leur crâne le plus souvent rasé, le reste agencé de façon spectaculaire. Ils portaient quelquefois des coiffures ou simplement des parures ornées de "trophées", tels des minéraux rares, tenus par des chaînes ou des tiges de métal. Leurs vêtements étaient tout aussi voyants et ornés de breloques clinquantes, faites de métaux et de pierres. Là encore, mon cœur s'attriste de voir combien viennent à resurgir, en nos époques d'achèvement, ces mémoires jusque-là demeurées le plus souvent enfouies chez le commun des mortels, mais se manifestant néanmoins clairement et sous des formes variées, chez certains peuples guerriers ou vindicatifs, d'hier ou d'aujourd'hui.

Celui qui se donnait et prenait pour un dieu, empli d'une volonté de pouvoir et de toute-puissance sans borne, s'était donc incrusté sur la Planète Dorée où tous auparavant étaient désireux de servir la Lumière, chacun à sa manière. Mais ainsi que l'écrit Jacob Boehme : La lumière luit dans les ténèbres, mais les ténèbres ne la reçoivent pas[1]. Néanmoins, si elles ne La reçoivent pas, elles sont attirées par Elle afin de La combattre. Car c'est Elle qui les menace le plus dans leurs possessions et leurs prérogatives impérieuses et totalitaires.

Aussi, tout cela était-il bien étrange pour certains Éthériens, et constituait un si puissant objet de curiosité, que quelques-uns n'eurent bientôt plus en tête que de la satisfaire.

Parmi eux, le plus grand nombre fut littéralement ébahi, sidéré, de tant de faste étalé et de démonstrations de force et de pouvoir. Et puis, les serviteurs de ce dieu étaient dans une telle adoration et menaient des pratiques si étranges ! À n'en pas douter, il ne pouvait y avoir de "fumée sans feu"... Quelque chose se passait là qu'il nous fallait connaître de plus près.

---

1 Jacob Boehme, *De la signature des choses*, Editions grasset, 1995, p.17.

Rappelez-vous que dans leurs esprits n'existait pas d'inclination à juger les autres dans leurs comportements, façons d'être ou de faire, et qu'ils venaient là comme autant d'innocents. Ces "agneaux", pour beaucoup, devinrent des proies faciles à contaminer.

Déjà, je vous ai parlé de ma grande curiosité originelle. Je fus, bien sûr, de ceux qui souhaitèrent connaître ces entités aux allures étranges, si différentes de nous dans leurs manières de vivre. J'avais cependant sollicité, comme nombre de mes semblables le faisait habituellement, une guidance à ce sujet. Le sage, conseiller de ce domaine, m'accueillit par cette question :

– *Silus, tu désires connaître ce peuple qui s'assemble au-delà des collines ?*
– *Oui Conseiller, car on me rapporte des informations si étranges sur ses manières, que je désirerais le connaître par moi-même, de plus près. Mais il est évident que la plupart de ces gens ne sont pas préoccupés de servir la Lumière, et je voudrais recevoir tes indications et tes conseils.*
– *Il ne sert à rien de mettre en garde un être contre un danger dont il ignore tout. Mais permets-moi, Silus, de te demander ce qui, pour toi, est plus important que tout dans l'Univers ?*
– *Servir la Lumière en aidant mes Frères.*
– *Alors Silus, lorsque tu seras de l'autre côté des collines, chez ce peuple si différent, garde cela en permanence en ton esprit, et sois dans la plus extrême vigilance vis-à-vis de tout ce qui pourrait aller à son encontre ! Garde cette finalité comme le Bien le plus précieux que tu puisses jamais détenir par tout l'Univers. Lui seul peut te garder aussi de toutes les errances qui, peut-être, t'attendent... Observe Silus, tout est enseignement, et reste fidèle à toi-même ! Toi seul peux savoir en ton cœur ce que tu dois faire, où que tu ailles et où que tu sois.*

Je le remerciais avec gratitude, et m'en retournais. Plusieurs de mes amis étaient intéressés et, avec quelques-uns, nous décidâmes de partir.

Je n'ajouterais rien à la courte description que j'ai donnée de ce peuple. Il a fait tant de "repousses" dans les autres mondes et les autres dimensions ! Nous les connaissons, il suffit de regarder autour de nous...

Nous reçûmes un excellent accueil. Et selon l'expression, consacrée : "toutes les portes nous furent grandes ouvertes". Ces portes donnaient chaque fois sur des choses étonnantes ou extraordinaires, et si différentes ! ... Tant et si bien que deux de mes camarades furent à ce point subjugués qu'ils choisirent de rester quelques jours encore. Nous partîmes. Ils ne revinrent jamais.

Alors naquit en mon cœur une décision, contraire à l'éthique des Serviteurs de la Lumière que l'on pourrait résumer en ces termes que C.G. Jung aimait à exprimer : *don't interfere* (ne t'en mêle pas). Je conçus par cette décision ce qui orienta, à partir de ce moment, l'essentiel de mon karma sur ce monde et sur les autres, et qui m'apporta tant d'épreuves, jusqu'en cette vie. Ce n'est que dans cette présente vie faite d'épreuves répétées : familiales, conjugales et professionnelles notamment, que je mesure à quel point cela guida tant de mes choix pour mes existences à venir, y compris le choix de mes parents actuels et d'une ex-épouse dont j'ai, au prix de bien des difficultés, dû me séparer il y a quelques années ! Il m'aura donc fallu plus de 360 000 années éthériennes pour en prendre claire conscience, et en tirer quelques enseignements (mais, sans aucun doute, pas encore tous)... Et je dois remercier cette ex-épouse, car elle fut, selon l'expression si juste des bouddhistes, mon "petit maître", c'est-à-dire celui qui, non par les enseignements qu'il prodigue mais bien par les épreuves qu'il vous fait consciemment ou inconsciemment endurer, vous conduit à vouloir faire le saut... de prendre enfin conscience de ce qui, profondément, vous fait agir, et qui ne gît nulle part ailleurs qu'en vous-même. Et... si ce livre a pu un jour être envisagé, c'est encore bien grâce à l'action de ce "petit maître", et à l'entité sombre qui l'habite et qui me fit "sauter le pas" !

Car, le plus souvent inconsciemment, nous recherchons toujours les épreuves dont nous avons besoin pour évoluer. Et il faut parfois qu'elles soient dures, au point que la mort paraisse douce et enviable. Mais alors, si notre existence vient à tourner court, on ne tire aucun fruit de son épreuve... et tout est à recommencer, et parfois pendant si longtemps, au cours de tant de vies reconduites ! Car, si nous ne retrouvons nos mémoires, cette part si intime de nos intentions enracinées en d'autres vies nous reste scellée ; et nous demeurons sans discernement de ce qui nous fait profondément et si inconsciemment agir et qui constitue le fil qui relie nos existences. Aussi, ne craignons pas de rechercher un tel "fil d'Ariane" dissimulé dans les obscures grottes de notre inconscient intemporel. Ces grottes peuvent être fort lointaines, et le travail de patiente archéologie que nous devons mener, se devra d'être particulièrement efficient pour permettre d'exhumer les fondements de nos temples intérieurs, recouverts de tant de couches de sédiments... et d'intentions nouvelles !

Mais je n'ai pas dit quelle intention était la mienne. Cette intention était de ramener mes amis vers la Lumière. Elle était de les sortir de l'*ombre*, eux et tous ceux qui s'étaient laissés abuser. Je voulais être un autre saint Bernard, bien avant l'heure. Mais comment cela allait-il être possible ?

Mon intention clairement déclarée en haut lieu, il fut accepté que je devinsse une sorte d'émissaire ou de diplomate, par l'entremise duquel les Sages du peuple serviteur de la Lumière transmettraient leurs messages, demandes ou remarques au "dieu" du peuple de l'*ombre*, et lui à eux.

Je fréquentais ainsi, bien souvent, les serviteurs de l'*ombre*, dans l'espoir vain de sauver mes amis de ce qui deviendrait inéluctablement pour eux une affreuse géhenne. Car seules les souffrances nous amènent à vouloir, enfin, changer nos agissements découlant de nos intentions et choix premiers, lorsqu'ils sont erronés.

L'une de mes tâches était également de relever les informations enregistrées par les bornes[1] placées aux frontières de ce qui était devenu deux pays aux cultures et aux peuples si différents. Les bornes enregistraient tout passage et tout événement se déroulant dans une zone de plusieurs kilomètres.

Nous constations avec tristesse que les émigrants étaient de plus en plus nombreux, et les prétentions du maître du peuple de l'*ombre* de plus en plus démesurées. Bientôt, il projeta dans les rues de nos cités, un gigantesque hologramme de lui-même donnant à connaître ses pouvoirs, ses doctrines et ses intentions. Rapidement furent trouvés les moyens techniques pour brouiller ces émissions. Il fallait désormais se protéger, y compris personnellement. D'autant que ses ambitions déclarées étaient planétaires et totalitaires à n'en pas douter.

Il fut bientôt évident pour le Conseil des Sages (qui tous lisaient dans les temps à venir), que cela conduirait à l'anéantissement de la Planète Dorée, et qu'il faudrait se préparer un jour prochain à quitter son sol pour "d'autres cieux". Ce sont les raisons pour lesquelles, très rapidement, furent initialisées les pratiques de "bouclage" de tous nos

---

1 De telles bornes existent sur Terre, et notamment dans les pays celtes : les menhirs ! Oui, ces menhirs sont des veilleurs, interconnectés entre eux, et enregistrant dans leur éther réflecteur tout événement se produisant alentour. Ainsi en France, dans le Golfe du Morbihan, ils furent implantés en réseau pour surveiller les cieux surtout, afin de prévenir toutes arrivées extranéennes non souhaitées et notamment celle des lizzies, qui déjà depuis des millénaires ont contraint notre humanité à croupir dans de basses vibrations. Les informations étaient décryptées par des initiés tels les druides. En dépit des saccages inadmissibles que beaucoup de ces menhirs ont subi, il est extraordinaire de vérifier combien ils sont toujours opérationnels, pour ceux qui sont encore restés debout. Si un jour vous passez auprès de l'un deux, sachez que tout le Golfe du Morbihan en sera averti de façon occulte !

corps. Plusieurs fois par jour, et de façon nécessaire le matin et le soir, nous apprîmes à nous "boucler" dans une cuirasse de Lumière, que nous chargions de nous protéger contre toute pollution ou toute attaque psychique notamment...

Las ! cette pratique, j'eusse dû la connaître et la mettre en œuvre bien plus tôt. Déjà, j'avais été pollué, et portais en moi les graines pernicieuses de l'orgueil et de la suffisance. Bien sûr, j'avais été vigilant à veiller à ce que le Sage m'avait indiqué comme ma plus grande richesse : mon attachement à la Lumière et mon désir d'aider les autres. Mais c'est justement sur ce dernier point que mes errances commencèrent, pour se poursuivre jusque dans cette vie et motiver jusqu'au choix de ma profession. Trop souvent, au cours de mes existences passées, j'ai pensé que je pourrais aider des gens – et notamment ceux qui m'étaient proches – à changer leur regard sur le monde et à essayer de se changer eux-mêmes. Mon orgueil et ma suffisance furent d'être intimement persuadé que je pouvais l'entreprendre sans l'aide de quiconque... J'espère avoir un peu évolué en cela, mais au fond de moi gisent toujours les réflexes du redresseur de torts et du sauveur d'âmes inféodées à la volonté d'un autre, que celle-ci vienne à émaner d'un individu ou d'une organisation ; ou qu'elle soit exprimée sous la forme d'un desiderata, d'un ordre, d'une doctrine ou d'un dogme... fut-il psychologique ou scientifique.

Mais que le lecteur soit rassuré : je m'amende peu à peu... au fil des millénaires.

Quoi qu'il en soit, dans la 5ième dimension, les jours de la Planète Dorée étaient comptés désormais.

2 – ÉMIGRATION

"Les représentants de cette race furent transportés sur Terre par les astronefs du grand empire de la Planète Jaune, appelé plus tard "Royaume de Mount."
Yosip Ibrahim, J'ai visité Ganymède

PRÉPARATIFS

Dans le pays des serviteurs de l'*ombre*, des travaux gigantesques étaient réalisés, entaillant collines et montagnes pour chanter la gloire d'un seul être, drapé dans sa volonté de toute puissance mégalomaniaque. Bientôt, il voulut dominer la Planète Dorée tout entière.

Mais les huit sages dont la vision pénétrait l'avenir le plus lointain, veillaient depuis longtemps. Ainsi anticipèrent-ils la désintégration de la planète qui serait consécutive au déclenchement d'un conflit, et à l'usage mal maîtrisé de forces titanesques utilisées jusqu'alors pour des réalisations civiles. Ils le firent en des temps qui permirent de bien préparer cette émigration hors de la Planète dorée.

Depuis des temps reculés, la très haute technicité des Éthériens de la Planète dorée mise au service de leurs puissantes facultés créatives et génératrices, leur avait assuré la maîtrise de l'espace interplanétaire. Des stations nombreuses, d'une taille pour nous inconcevable (la station MIR qui gravite de nos jours autour de la Terre serait de la taille et de la contenance d'un autobus comparé à celles d'une ville de 10 000 habitants), avaient été mises en service et chacun en connaissait un certain nombre. En effet, elles faisaient notamment office de port de transit interplanétaire. Toute une vie scientifique, technique et culturelle s'y développait sous l'impulsion d'une élite remarquable. Ainsi, chaque station avait développé des savoir-faire, mais aussi des valeurs et des compétences parfois très spécifiques. De la même manière que, sur terre, les compagnons d'un métier donné cultivent et développent des technicités et des façons de faire et d'être qui leur sont propres. De nos jours, par exemple, la "corporation" des imprimeurs a développé une culture qui lui est singulière et qui diffère de celle des charpentiers, des médecins ou des informaticiens. Et un informaticien ou un médecin trouveront, bien souvent, beaucoup plus de valeurs communes avec leurs homologues d'une autre nation, qu'avec leur voisin de palier, ou l'un de leur proche parent. De cette façon s'étaient développées, au "fil des ans", des cultures spécifiques à chacune des stations.

Les sages qui présidaient aux destinées des Éthériens au service de la Lumière permirent que chacun soit orienté vers la station dont les valeurs et la vie culturelle, technique et scientifique, lui correspondaient le mieux. Cela se fit en vertu de cette loi immuable selon laquelle seul le semblable peut connaître et comprendre le semblable. Notre adage bien connu : *Qui se ressemble s'assemble*, nous le dit bien. Cette orientation se fit suffisamment à l'avance pour que chacun, le moment venu, soit préparé et connaisse sa nouvelle affectation.

Puis vint le jour du départ. Tout se fit de façon organisée, précise, rigoureuse et juste. Chacun rejoignit la station qu'il connaissait et qui lui correspondait le mieux pour son présent et son devenir. J'ai déjà attiré votre attention sur le fait que, pour les Éthériens de la Lumière, seul le devenir est important. Tout notre présent doit être orienté par lui, et non gouverné par le passé. *Laissons les morts enterrer les morts*, nous disent les maîtres de sagesse. Et cela est toujours de la plus haute actualité pour nos Frères de l'Éther serviteurs de la Lumière. Un être est apprécié en fonction de ses aptitudes à devenir et non à persister. En cela seulement, et non au regard de ses seuls "états de service" et des médailles récoltées... y compris à titre posthume!

Ce point est si fondamental et cependant encore si méconnu sur Terre ! Ainsi, nos orientations professionnelles se font-elles le plus souvent en fonction des lois du marché du travail et des lois économiques, bien plus qu'en vertu de la vocation très personnelle et spécifique de chacun. Pourtant, en quoi un être peut-il mieux exceller si ce n'est en découvrant, puis en développant et enrichissant ce qui lui est propre, sur le chemin de sa propre voie ? Alors pourra-t-il développer un équilibre et une maîtrise qui lui permettront de se mettre tout entier au service de l'œuvre qu'il peut accomplir pour les autres, quels que soient leurs espèces, races, règnes ou natures. Une planète est un être : un chat, un oiseau, un crapaud, un arbre, un humain, un éthérien tout autant. Il n'est nul autre chemin d'accomplissement que celui de sa propre voie. Lui seul peut donner sa profonde raison d'être à servir dans la réalité.

Pour autant, s'accomplir n'est pas seulement se servir soi-même sans considération des autres ni du monde. Ce service à soi-même devient tout autre chose et n'a plus de rapport authentique avec le monde des êtres et les univers qu'ils constituent : il n'est voué qu'au monde imaginaire de l'autocomplaisance. Ce monde se nourrit alors d'égoïsme et d'orgueil, pouvant devenir aussi disproportionnés que négatifs. Dans les suites de ce récit, vous pourrez d'ailleurs mesurer quelles implications profondes tout cela aura pour notre humanité et le développement des cultures et des civilisations qui ont existé, ou existent, sur notre Terre.

Nous fûmes donc orientés vers les stations dont les cultures qui s'y étaient développées correspondaient le mieux à nos aptitudes personnelles et à notre devenir. *Mais combien de personnes ces stations pouvaient-elles accueillir*, vous demandez-vous sans doute? Car nous étions plus d'une centaine de milliers de candidats à quitter le sol de notre planète mère vouée à une totale destruction.

Rappelons-nous d'abord que les Éthériens ne vivent pas dans notre $3^{\text{ième}}$ dimension mais dans la $5^{\text{ième}}$, avec des facultés de se déplacer et manifester dans les sixième, $4^{\text{ième}}$ et $3^{\text{ième}}$. Rappelons-nous leurs facultés créatives et générantes. Des chercheurs comme David Asch ou Patrick Drouot, témoignent cependant de cette possibilité, pour nous invraisemblable, que des vaisseaux (et donc des stations) fussent plus grands à l'intérieur qu'à l'extérieur. Et ceux qui parmi nous ont eu le bonheur de se rendre sur de telles stations, encore appelées vaisseaux "merkabah"*, purent constater que les lieux où ils étaient reçus, notamment lors de grands rassemblements ou conclaves, se dimensionnaient à volonté en fonction des besoins. Ainsi en était-il des stations sur lesquelles nous fûmes reçus, et qui devenaient désormais nos patries de transit.

SUR LES STATIONS

Le peuple de chacune de ces stations s'organisa très activement. Une vie intense régnait pour développer, de façon optimale, tous les moyens propices à une excellente vie à bord, et surtout à la future installation de colonies sur d'autres planètes et, parmi celles-ci, la Terre.

Nous faisions, mon âme jumelle et moi-même, partie d'un groupe dont le projet était de s'installer sur cette si belle et luxuriante planète Bleue.

Alors s'organisèrent des explorations régulières et rigoureuses pour étudier avec un soin extrême les conditions de vie sur cette planète : sa géologie, sa faune, son humanité, sa flore, ses cycles, sa climatologie dans toutes leurs dimensions ou corps – physique, éthérique, astral, mental, causal – et selon leurs évolutions et aptitudes.

Chaque station développa ses recherches. Celles-ci venant s'ajouter aux données recueillies par les explorateurs et scientifiques des autres stations. Néanmoins, chacune d'elles avait toute autorité de conduire ses propres programmes de repérage, d'exploration, d'investigation et de recherche, au mieux des compétences pouvant exister à bord et pouvant être mises en œuvre pour le bien commun. Ainsi des axes de travail furent établis, qui purent être sensiblement différents selon les autres stations intéressées, elles aussi, par l'établissement de colonies sur la planète Terre. D'autres poursuivaient des programmes d'établissement sur d'autres planètes comme Vénus, Mercure, Jupiter ou l'un de ses satellites tel Ganymède, ou encore Vulcain de la 5ième dimension, selon les voies qu'elles s'étaient tracées.

Mais, en ce qui concerne la planète Terre, comment allait-on y vivre, et surtout, sous quel mode d'existence allions-nous nous établir : selon celui de la 5ième dimension, comme sur la planète dorée ? celui de la 3ième ?

Ce choix était lourd d'implications, et les enjeux étaient à chaque fois fort différents. Il convenait notamment de bien considérer le fait que le mode d'existence, dans une dimension donnée, correspond à des registres vibratoires extrêmement différents. Passer de la 5ième à la 3ième dimension engageait la nécessité de baisser d'une façon considérable ce que nous appelons communément (mais de façon impropre, nous allons le voir) : "taux vibratoire". Cela n'était pas sans conséquences notables au plan des rapports avec les différentes modalités de Lumière, de Vie et d'Activité, il est facile de le concevoir. Aussi, voyons ce point de façon plus exacte, pendant quelques instants.

Comprenons bien, en effet, que le rapport avec la Lumière est très différent selon qu'il est vécu dans la 3ième, 4ième, 5ième ou sixième dimension. Dans la 3ième dimension, notre vécu le plus immédiat et évident de la Lumière est celui du rayonnement photonique émanant de notre soleil ou des autres étoiles à environ 300 000 km/s. Cette vitesse est encore considérée par beaucoup comme indépassable, elle constituerait alors un véritable “mur de la lumière”. Mais de plus en plus nombreux sont les chercheurs, tels Régis Dutheil[1] en France ou David Asch en Grande Bretagne, à la suite de physiciens américains tels G. Feinberg avec sa théorie des tachyons ou S. Sudharshan qui postulent l’existence de vitesses infiniment plus grandes : “superlumineuses”. Ce n’est donc pas un quelconque “taux vibratoire” mais la vitesse des ondes et des particules des mondes existant au-delà de ce “seuil de la lumière”, qui les rend simplement invisibles à nos organes des sens et autres appareils de notre monde terrestre “souslumineux”. David Asch, quant à lui, considère que ces vitesses d’énergie augmentant, elles constituent de nouveaux “seuils quantiques de réalité” : ce sont ceux des 4ième et 5ième dimensions dont nous parlons. Nous concevons ainsi fort bien que la Lumière, la Vie et L’Activité soient de ce fait fort différentes dans la 3ième et la 4ième dimension par exemple. Tous ceux qui ont pu, ou peuvent vivre, des expériences de décorporation (de sortie hors du corps), savent que l’on peut se déplacer à une vitesse infiniment plus grande qu’avec un corps physique, que les perceptions sont d’une acuité extraordinaire, que l’agilité de la pensée est sans commune mesure, les perceptions extrasensorielles, et notamment télépathiques, d’une qualité étonnante.

Bref ! et pour en revenir à ces astronautes sans planète que nous étions devenus, choisirions-nous de vivre et d’exister selon la 3ième dimension aux formes de vie si luxuriantes de la planète Bleue, ou selon celles que nous connaissions à bord et qui avaient été celles de la Planète Dorée ? Il s’agissait, pour chacun d’entre nous, de nous déterminer.

Des expériences, assez nombreuses, avaient déjà démontré que nous pouvions nous manifester dans la 3ième dimension

---

1 *L’homme superlumineux* de Régis Dutheil, Professeur de physique et de biophysique à la Faculté de Médecine de Poitiers et chercheur en physique fondamentale, Editions Sand, Paris 1990.

de façon physique et non seulement subtile, par exemple faire exister un véhicule propre à opérer dans la 3ième dimension pour pouvoir y mener certaines investigations ou expériences. Mais le problème était désormais tout autre : savoir comment nous pouvions nous-mêmes exister dans la 3ième dimension avec un corps physique compatible avec celle-ci, et compatible avec les conditions de vie biologiques, climatologiques, animales et végétales locales, leur subsistance et leur reproduction ! ...

C'est selon les fruits de ces explorations et de ces recherches, que des travaux de laboratoire furent engagés dans la perspective de s'implanter sur la Planète Bleue.

IMPLANTATION SUR TERRE

3 – OBJECTIF TERRE

Je ne veux être débarrassé ni des hommes, ni de moi-même,
ni de la nature, car cela représente à mes yeux
une merveille indescriptible.
La nature, l'âme et la vie m'apparaissent
comme un épanouissement du divin.
C.G.Jung, Ma vie

La première des questions à laquelle nous dûmes essayer de répondre était de savoir quel type d'entité biologique nous allions développer afin de constituer un véhicule intéressant, le mieux approprié à nos modes de vie, à nos valeurs et à nos projets. Le corps biologique que nous appelons humain, fut de ceux-là. Il nous apparut le plus proche de nos formes éthériennes, le plus aimable donc, mais surtout le plus doté d'aptitudes potentielles susceptibles d'être développées. Enfin, il nous semblait que ces êtres de la 3ième dimension étaient ceux avec lesquels nous pourrions établir les relations les plus fructueuses, et avec lesquels, si nous étions assez experts, nous pourrions concevoir les espèces futures dotées des aptitudes les plus enviables à nos yeux.

LES FILLES DES HOMMES ÉTAIENT BELLES

Les livres sacrés se font l'écho, à leur manière, de ce qui se produisit. Dans le Livre de la Genèse (VI, 1-4) il est dit : *Lorsque des hommes eurent commencé à être nombreux sur la surface de la terre, et qu'il leur furent nées des filles, les fils de Dieu virent que les filles des hommes étaient belles, et ils prirent femmes parmi toutes celles qui leur plurent.* Le Livre d'Hénoch[1] dit, de façon très proche :

1 Le livre d'Hénoch, traduit sur le texte éthiopien par François Martin, Editions Arché – 1975, Milan

> "Or, lorsque les enfants des hommes se furent multipliés, il leur naquit en ces jours des filles belles et jolies ; et les anges, fils des cieux, les virent, et ils les désirèrent, et il se dirent entre eux : "Allons, choisissons-nous des femmes parmi les enfants des hommes et engendrons-nous des enfants."

Tout cela semble aller de soi selon ces textes. Encore eut-il fallu que la constitution – sinon la complexion – physique de ces "anges" rende les rapports compatibles (ne serait-ce qu'au plan sexuel...dont nous savons, pour ce qui concerne les dits anges, qu'il constitue depuis toujours une énigme non résolue). Et c'était bien là le type d'énigme que nous devions résoudre.

En effet, vivaient sur terre des espèces humaines que nous dirions primitives. Certaines d'entre elles apparurent particulièrement intéressantes. L'une de celles-ci vivait en bordure de l'ancien continent de Mû (cet endroit correspondrait aux actuelles îles Kermadec, entre les îles Fidji et la Nouvelle Zélande, en plein Océan Pacifique). Elle avait adopté une station debout absolument verticale. Souvent, nous descendîmes observer les agissements de leurs membres depuis la 5ième dimension. Nous devions nous tenir à une relative distance, car leurs perceptions de l'invisible étaient assez fines, ce qui augmenta notre intérêt. Leur comportement nous parut doux, leurs capacités (l'ingéniosité entre autre) et leurs potentialités surtout, tout à fait notables.

Mais avant que nous puissions établir un quelconque commerce avec elles, nécessité nous était faite de créer un corps physique suffisamment semblable au leur et approprié à nos besoins. Il nous faudrait, de plus, matérialiser ce corps dans la 3ième dimension, et le dématérialiser pour revenir dans la 5ième, à bord de notre station.

LES PREMIERS HUMANOÏDES BIONIQUES

Il est tout autant surprenant que merveilleux de voir que, dans les films dits de science-fiction ou fantastiques, les réminiscences les plus étonnantes fleurissent sur nos écrans, surgies de nos mémoires les plus lointaines. Bien sûr, nombre de ces réminiscences sont interprétées de façon très libre. Mais leur fond est véritable et indéniable. Tout ce qui apparaît création "ex nihilo" des imaginations les plus fantasques est nourri d'un souvenir parfois antédiluvien, au sens fort du terme.

Il nous fallait donc recréer la vie biologique, selon les conditions de la 3ième dimension sur la planète Terre. Fort heureusement, le temps n'est point de même nature dans la 5ième dimension, et les facultés que nous pouvons développer y sont d'une acuité et d'une efficience telle que les plus grands génies existant sur Terre pourraient l'envier (il est des enfants surdoués qui en gardent certaines dispositions, bien que fort atténuées, et pour eux nos institutions éducatives classiques sont totalement inadaptées...). De plus, nous étions dotés de tout un appareillage technique, et notamment informatique, qui ferait pâlir d'envie les chercheurs des laboratoires les mieux dotés. Notre ambition fut donc, grâce à tous ces moyens, de prendre un corps. Mais, de la coupe au lèvres, il peut y avoir grande distance.

Les savants généticiens, embarqués sur notre station, savaient aisément créer des molécules et les assembler pour faire des organismes biologiques rudimentaires "souslumineux". Mais leurs recherches durent être longues et nombreuses avant de parvenir à créer un organisme vivant viable, constitué de tous les organes et doté des différentes fonctions utiles à la vie biologique sur Terre.

Au risque de décevoir le lecteur, je me dois de dire que je n'étais point de ces savants-là. Je n'étais point "homme" de laboratoire, mais surtout de terrain. La composante activité chez moi était grande, et je faisais partie de l'équipe des explorateurs et des expérimentateurs.

Nous vîmes donc un beau jour dans l'un des laboratoires de bord, un organisme biologique, un androïde, maintenu en vie dans une sorte de caisson, fort semblable à nos actuelles couveuses. Nous qualifierons l'organisme obtenu d'embryonnaire mais, en l'état, il représentait un premier succès particulièrement encourageant.

Les travaux de recherche et de laboratoire se poursuivant, les savants furent un jour capables de mettre au point ce que nous appellerions un premier prototype. Un parallèle illustrera assez bien, je crois, ce qu'il en fut : celui des premiers avions comparés à nos "modernes" supersoniques. Aussi, nous devons bien reconnaître que ce premier prototype humain était un peu fruste, mais surtout d'une taille et d'une lourdeur manifestes.

Mais je dois, à ce moment de mon récit, donner une précision relative à ceux qui peuplaient notre station, rassemblés en vertu de la loi des semblables. Malheureusement, nous avions tous en commun d'avoir été plus ou moins contaminés à notre insu, du fait de nos fréquentations avec le peuple des "serviteurs de l'ombre", contaminés par leur soif de grandeur, de force, de puissance, en un mot par leur orgueil. Il nous apparaissait intéressant que la créature que nos savants mettaient au point fut grande et d'apparence suffisamment imposante, afin d'exercer un certain ascendant sur les populations de la Terre avec lesquelles nous désirions établir commerce. Nous allions donc vers ces peuples dans un certain esprit de supériorité plutôt que de partage. Ainsi naquit le premier type de géant.

Néanmoins, pour respecter la mémoire de mes Frères de l'Éther, nous devons savoir que tous n'étaient point, de loin s'en faut, dans les mêmes dispositions sur les autres stations. Dans leur plus grand nombre, ces Frères ignoraient ces sentiments d'orgueil et de pouvoir (dont il faut aussi reconnaître qu'ils ne correspondent pas à des vibrations très hautes).[1]

Le prototype mis en œuvre était donc de grande taille, dans les trois mètres et plus. Les créatures locales de la planète étant beaucoup plus petites, elles seraient certainement fort impressionnées. Seulement, notre androïde géant n'était encore ni très viable, ni très fiable. Nous ne pouvions le commander que de l'extérieur. De la même manière que nous dirigions nos vaisseaux, par l'exercice de notre volonté... et de nos ordinateurs de bord.

Les premières créatures auxquelles nos savants donnèrent vie furent donc sans autonomie aucune. Elles n'étaient que pur organisme "bionique", sans âme et sans esprit. Nous expérimentâmes ces créatures depuis la 5ième dimension en les faisant se mouvoir à distance, grâce à notre technologie. Nous étions encore loin de voir se réaliser nos ambitions de vie sur la Planète Bleue. Pour ce faire, il nous fallait pouvoir "incorporer" ces organismes, afin qu'ils deviennent nos propres véhicules dans la 3ième dimension.

VIVRE DANS UN CORPS PHYSIQUE

L'orgueil ne suffit point pour cela, ni la volonté de pouvoir. Il eut fallu que nous soyons dans de toutes autres dispositions pour franchir avec succès cette nouvelle étape. Il eut fallut que nous sachions développer les vertus cardinales et les qualités lumineuses d'amour, de compassion, de charité, de patience, de service à autrui, que nos Frères plus humbles d'autres stations surent mettre en œuvre dans leurs secteurs.

Les pratiques que nous dûmes développer ne ressortissaient plus, désormais, des techniques scientifiques utilisées

---

1 Si nous en effectuons l'analyse en fonction de la ternarité si importante pour les Éthériens "Lumière/Vie/activité" ou "*Ombre*/Mort/Inactivité", les émotions d'orgueil et de volonté de pouvoir, sont beaucoup plus du registre de l'*ombre* que de celui de la Lumière).

jusqu'alors, mais de ce que nous appellerons plus volontiers la parapsychologie, dans toute sa rigueur et sa complexité[1].

Beaucoup de nos contemporains semblent manifester grand dédain ou pointilleuse suspicion, à l'égard de cette discipline si importante. Cela n'est que le fruit d'une ignorance doublée de fatuité. Cette discipline est pourtant un maillon essentiel de la compréhension du vivant. Mais, pour être mise en œuvre, elle suppose de toutes autres compétences et facultés que celles de la raison et des perceptions habituelles. Elle nécessite le développement de cette intelligence du cœur et de l'esprit qui, seule, permet d'ouvrir les perceptions dites extrasensorielles et les facultés paranormales (télékinésiques par exemple). Or, toutes ces facultés étaient puissamment développées chez les Éthériens, et aussi naturelles que le sont, sur la Terre, les sens de la vue ou du toucher. Mais nous avions un handicap inconcevable, comparé au plus démuni des êtres humains vivant sur Terre...

Nous savons aujourd'hui que l'homme et les autres espèces vivantes sont dotés de différents corps, emboîtés les uns dans les autres, à l'image des poupées russes. Le corps physique est, pour nous terriens, le plus évident de par sa matérialité même. Mais les corps subtils*, absolument fondamentaux, constituent quant à eux les différentes "matrices" du corps physique. Le premier d'entre ces corps subtils est le corps éthérique ou vital, première matrice du corps physique. Puis, englobant ce dernier, vient le corps d'émotion ou corps astral, aux couleurs variant en fonction de nos

1 Les véritables parapsychologues sont d'authentiques scientifiques, n'ayant rien à envier aux praticiens des sciences dites exactes (deux parmi les plus grands des parapsychologues : Raymond Réant et Jean-Pierre Girard, ont de solides formations scientifiques à partir desquelles ils exercèrent d'abord leur métier en laboratoire de chimie ou de pharmacie). Les lois et principes qui régissent les dimensions et phénomènes étudiées par les parapsychologues sérieux sont parfaitement rigoureux, tout aussi rigoureux que les lois des sciences physiques ou chimiques.

registres émotionnels[1]. Je ne parlerais point des autres corps ("superlumineux") qui sont encore inaccessibles à nos investigations scientifiques, entre autres les corps mental et causal, et qui sont cependant perceptibles par les grands clairvoyants (il est magnifique de percevoir l'auréole blanc-dorée dont sont nimbés les êtres réalisés... et qui ne sont pas nécessairement répertoriés dans la catégorie des saints).

Ce que le lecteur sait certainement, c'est que l'âme et l'esprit, (considérés comme "éternels" dans toutes les religions) peuvent se séparer du corps et donc voyager dans l'espace, dans le temps, et dans les différentes dimensions. Ainsi pouvons-nous faire des voyages, appelés couramment "astraux" ou encore vivre des états mystiques d'une intensité extraordinaire (tels, par exemple, que le corps physique puisse, en dépit des lois de la gravitation, entrer en lévitation ou en bilocation). La parapsychologie s'intéresse donc à tous ces phénomènes afin d'en développer la maîtrise et d'apporter son aide à tous ceux qui ont des difficultés en rapport avec les dimensions subtiles, en eux-mêmes et en dehors d'eux-mêmes. Nous étions donc, à notre tour, contraints de pratiquer cette science pour donner une âme qui n'était autre que la nôtre, à ces véhicules de chair et d'os. Ainsi que le fait tout être lorsqu'il s'incarne dans un organisme vivant. Face à ces nouveaux véhicules biologiques, nous devions donc maîtriser les phénomènes et capacités liés aux différents corps subtils.

Afin de devenir des "walk in", pour utiliser la formule si claire et appropriée des anglo-saxons, nous avions beaucoup à faire à bord de notre station, à apprendre et à expérimenter. Nous n'avions jamais été incarnés. Tout, dans ce domaine, était pour nous à découvrir et à entreprendre.

---

1 Ces deux premiers corps subtils font l'objet, aujourd'hui, de mesures scientifiques et d'enregistrements divers. Les médecins de médecine énergétique y accordent le plus grand soin afin d'établir leur diagnostic le plus précis, prenant en compte l'être dans sa globalité ; pour mettre en œuvre les actions thérapeutiques, curatives ou préventives nécessaires. Ce type d'approche sera demain d'une grande banalité, tout autant qu'elle fut évidente en des temps reculés.

Nous en étions là de nos recherches par rapport à nos créatures conçues en laboratoire. Comment faire se mouvoir avec adresse, sinon avec grâce, ces corps physiques élaborés par nos scientifiques ? Comment les faire s'animer et se mouvoir selon nos intentions en résidant à l'intérieur ? Comment faire pour que ces corps deviennent pour nous un véhicule parfaitement apte à satisfaire tous les besoins indispensables à la subsistance sur terre... et tous nos besoins d'action et de création en tant qu'êtres conscients et autonomes, doués de volonté et porteurs de projets ? Pour nous implanter sur Terre le succès de cette dernière étape était déterminant.

Les êtres humains ne se posent pas tant de questions lorsqu'ils conçoivent, pour leur évolution, de reprendre un corps physique. Ils choisissent leurs parents potentiels avec soin et, lorsque ceux-ci ont conçu, la mère devient porteuse d'un embryon viable. Ils suivent alors de très près son évolution afin de s'incarner dès que possible – et autant que cela leur sera psychiquement réalisable[1].

Pour nous, Éthériens "de la première heure", le seul fait de tenter de disposer nos corps "éthérés" de manière qu'ils puissent habiter et faire se mouvoir cette masse de muscles, de nerfs, de sang et d'os, représentait beaucoup plus qu'un inconfort mais bien une réelle souffrance. Beaucoup d'êtres humains ayant, lors d'un accident ou d'une maladie grave, vécu des expériences de N.D.E.[2] prolongées, témoignent de cette éprouvante difficulté à reprendre possession de ce corps physique à la fois si étroit et si encombrant, aux caractéristiques si particulières, grosses de contraintes souvent bien pénibles et désagréables (certainement bien mal compensées par les quelques plaisirs fugitifs qu'on y peut trouver, comme ceux de la table...).

---

1 Certains êtres, en effet, ont quelque mal à s'incarner complètement, et souffrent de cet état bien inconfortable, jusqu'à l'âge adulte quelquefois.

2 "Near Death Expérience" (expérience proche de la mort) ou EMI (Expérience de Mort Imminente).

Heureusement que les véhicules de chair que nos savants avaient construits pour nous étaient de par leurs proportions très vastes, comparés à ceux des terriens d'origine. Alors, aussi déterminés que peuvent être les entités qui choisissent de s'incarner grâce au corps physique conçu par leurs parents potentiels (de par le miracle fabuleux de l'amour), nous nous entraînions courageusement à exister et à agir dans la 3ième dimension. D'ailleurs, observons combien les petits d'hommes, lorsqu'ils viennent au monde, ont besoin de beaucoup de temps pour maîtriser ce merveilleux outil qu'est leur corps physique. Observons tout le temps qu'il faut à un bébé pour seulement avoir une préhension que l'on appelle "fine" : saisir entre le pouce et l'index un petit objet, pour le porter où il le désire. Cela suppose beaucoup plus que la maturation d'un simple circuit neurologique mais, en plus, une coordination avec les autres corps. Ainsi, en dépit de souffrances, de maladresses ou d'échecs purs et simples, nous poursuivions nos entraînements avec persévérance.

Prenons une comparaison banale : ce n'est point du jour au lendemain que la plupart d'entre nous sommes devenus suffisamment aptes à conduire un véhicule automobile, pour obtenir le permis autorisant à piloter librement. Mais la conduite d'un véhicule automobile – qui lui, est particulièrement spacieux et confortable – est d'une facilité dérisoire au regard de la conduite d'un véhicule de chair et d'os. Prenons encore une comparaison : maîtriser l'usage d'un ordinateur doté d'un logiciel sophistiqué n'est pas si évident, surtout sans didacticiel. Or le cerveau n'est rien d'autre et ne constitue qu'une partie de l'extraordinaire et complexe machinerie du corps physique...

Ainsi, nous apprîmes à nous servir des membres, organes et sens physiques si grossiers pour les êtres de l'Éther – mais si précieux sur Terre. Nous apprîmes à faire des gestes, séquence par séquence, puis à les coordonner... Nous dûmes apprendre tant de choses nouvelles pour nous. Et peu à peu certains devinrent suffisamment habiles, et suffisamment accoutumés, pour qu'il soit envisageable, pour eux, de poser le pied sur ce que les marins appellent la "terre ferme" ou, d'une façon plus prosaïque, "le plancher des vaches".

Notons enfin que tous ces ajustements ne purent s'effectuer que grâce à des centres d'énergie absolument essentiels, servant d'interfaces entre les différents corps (tels des boutons-pression) afin que puissent être régulées toutes les fonctions nécessaires ou utiles, en tous les points du corps où leurs connexions devaient être établies et harmonisées. Nous n'avons pas de mot dans nos langues occidentales pour nommer ces centres (ou vortex) d'énergie. Mais le sanskrit les appelle *chakras*, terme couramment usité désormais. L'harmonisation de ces chakras est déterminante pour un bon fonctionnement du corps physique et des conditions de vie équilibrées. Sur les stations, nos scientifiques furent admirables dans leurs recherches et leurs expériences, et réussirent progressivement à agencer tout cela.

Ainsi, encore assez peu assurés, relativement harmonisés et équilibrés mais encore quelquefois "châteaux branlants" en dépit de nos allures redoutables, nous entreprîmes d'aller à la rencontre des autochtones.

PREMIÈRES APPROCHES

Très longtemps, discrètement et scrupuleusement, nous avions observé et étudié les modes de vie de nos indigènes. Leur mode de vie était paisible et champêtre. Ils constituaient une petite tribu dont l'essentiel des activités était la cueillette. La contrée où ils vivaient était parsemée d'arbres étonnants et de plantes arbustives assez hautes. Les arbres avaient cette particularité que leurs feuilles étaient disposées en anneau autour des branches. Celles-ci étaient utilisées pour bâtir des abris sommaires, adossés aux troncs. Quant aux plantes, elles étaient particulièrement importantes, car ces hommes primitifs se nourrissaient de leurs racines.

Nous les observions travailler, munis d'outils rudimentaires : une pierre plate et tranchante, une branche cassée... À l'aide de ces outils ils coupaient la plante, puis creusaient le sol pour atteindre les racines dont ils détachaient les tubercules. Leur cueillette réalisée ils revenaient vers leurs huttes et s'asseyaient autour de celui qui paraissait le chef. Les tubercules étaient débarrassés de leur terre, puis partagés. Les plus tendres étaient offerts aux enfants. Notons que ces enfants avaient une peau qui nous apparaissait plus rose, car dotée d'une pilosité moindre.

Nous pensâmes que le meilleur moyen d'entrer en relation avec ces êtres serait de leur faire des offrandes de nourriture. Le plus simple pour nous était, non de procéder à des cueillettes fastidieuses – il eut fallu réendosser un corps physique et matérialiser un outillage adéquat – mais de ramener à bord un spécimen du tubercule, et d'en recréer dans la 5ième dimension autant que nous le désirions (plus tard, et dans une autre contrée, bien connue des chrétiens, on parlera de "multiplication des pains"...). D'abord, nous procédâmes nuitamment en disposant cette nourriture à proximité de leur campement, mais en faisant de telle manière qu'ils comprennent que cela était intentionnel. Nous prîmes des feuilles et, après les avoir disposées en forme de coupe, y avons déposé les tubercules.

Les effets ne se firent pas attendre. Nos présents créèrent une très grande surprise chez ces êtres. Ils s'attroupèrent à distance respectueuse, sans oser aller plus avant... Enfin, l'un d'eux, plus courageux que les autres, se décida à s'approcher. Il se saisit prudemment d'un tubercule (sans aucune trace de terre) qu'il examina longuement puis renifla, pour le porter ensuite à sa bouche et en croquer un morceau. Il manifesta beaucoup de satisfaction et tendit les autres tubercules à ceux qui étaient là. Leur joie, remplaçant la surprise, nous fit plaisir à contempler. Après tout, nous devenions les premiers "cuisiniers" de la Terre, et cela nous plaisait beaucoup...

Nous multipliâmes ces présents en les changeant de place. Cela amenait nos terriens à les rechercher. Lorsqu'ils les découvraient, le même rituel se développait, le chef accourait, accompagné du reste de la tribu et, joyeusement, chacun recueillait ce qui lui revenait. Certains jours, nous n'en apportions pas et le dépit était grand, marqué d'inquiétude lorsque cela durait un peu : les cueillettes ordinaires étaient plus pénibles et aléatoires.

Un jour nous décidâmes d'opérer au lever du jour afin d'être ostensiblement vus déposant ces offrandes. Cela généra un branle-bas généralisé, accompagné de grands cris de peur et de stupeur. Puis, de proche en proche, nous avançâmes vers le campement en déposant nos présents, toujours à la même heure dans les premiers temps. La tribu était serrée autour de son chef, sans bouger dans les premiers jours tant que nous étions là. Une fois que nous étions repartis, ils allaient se saisir des "plats" offerts.

Ainsi, ils s'accoutumèrent et s'engaillardirent, se dispersant peu à peu, les plus courageux avançant vers nous, alors que nous nous avancions vers eux, petites étapes par petites étapes. Au fil des jours nous tissâmes ("c'est normal avec un fil", plaisante l'un de mes amis de l'Éther, très intéressé par ce que j'écris) des liens de plus en plus cordiaux. Antoine de Saint Exupéry, dans son merveilleux livre *Le petit Prince*, fait dire au renard dont le petit Prince voulait devenir l'ami : *Apprivoise-moi.* Nous avions désiré faire cela avec ces êtres humains de l'antéhistoire, et y étions parvenus. Un nouvel épisode, fécond en rebondissements, formidable, allait désormais se dérouler au long des millénaires : celui de l'histoire de l'humanité terrestre.

À cette histoire profondément méconnue, nous ne pourrons apporter que des éléments extrêmement restreints, anecdotiques, correspondant à nos seules mémoires, entièrement subjectives, et à des explorations dans les annales akashiques faites avec l'autorisation et l'aide du Gardien des mémoires. Le but de ce livre n'est pas de "faire" l'histoire, mais d'apporter un nouveau regard sur les fonctionnements de l'âme et de l'esprit, lorsqu'ils viennent s'incarner dans la 3ième dimension de la planète Terre.

4 – LA FEMME AVENIR DE L'HUMANITÉ

Les femmes découvrent des aspects que l'homme ne voit pas. C'est pourquoi jamais encore une femme n'a été convaincue que son mari était un surhomme.
C.G. Jung, *Ma vie*

Ce n'est pas pour leur beauté, comme le dit la Genèse, que les éthériens s'intéressèrent aux femmes. Ce n'est pas pour leurs charmes physiques, ni pour des accouplements aux voluptés douteuses, qu'ils établirent commerce. Ce n'est pour rien de tout cela dont on encombre aujourd'hui les esprits. C'est pour... mais je laisse au lecteur le découvrir. Peut-être les femmes seront-elles les plus curieuses ?...

DES HOMMES ET DES FEMMES...

Les hommes seraient-ils en train de changer un peu ? Regardons les déchirements ethniques qui portent aujourd'hui, en certaines contrées, le nom odieux de purification. Regardons les guerres et les volontés de domination. Regardons les désirs de conquête, y compris interplanétaire... Alors nous pourrions en douter sincèrement. Les mémoires primitives sont certainement longues à transmuter... Et pourtant, combien les Éthériens s'y employèrent !

Les hommes primitifs d'hier (et d'aujourd'hui ?) menaient des activités à l'extérieur en quasi permanence. La guerre avec leurs semblables, la chasse, les expéditions lointaines, les actes de force et de bravoure, notamment contre les bêtes féroces, étaient quotidiens. Ils étaient donc toujours partis ailleurs. Et les femmes pendant ce temps, ont-elles donc beaucoup changé (à part s'être "fait couper les cheveux", comme le dit une vieille chanson française des années trente) ?

Les femmes s'occupaient de leur progéniture et de la survie au quotidien. Elles trimaient pour récolter et préparer la nourriture, pour tenir un abri. Elles se consacraient à donner, entretenir et protéger la vie. Pour cela, elles avaient développé une vigilance et un don d'observation que les hommes n'avaient point su développer tout autant, de loin s'en faut ! Ces derniers étaient véritablement à l'image des brutes primitives telles que nous pouvons les imaginer... et parfois les rencontrer encore !

L'INTERVENTION EXTRANÉENNE

Nous en étions, au chapitre précédent, restés à l'endroit de notre récit où les Éthériens nouèrent progressivement des liens avec les populations locales. Ils continuèrent d'observer et d'étudier les modes de vie des hommes et des femmes de la Terre, puis décidèrent, chaque équipe à sa manière et en son temps, d'intervenir.

Ces hommes et ces femmes avaient des conditions de vie terribles, très similaires à celles des animaux sauvages. Leur vie était en permanence menacée par le manque de nourriture, par les attaques des prédateurs humains ou animaux, par les calamités naturelles... Cette menace était omniprésente et nos êtres humains primitifs presque totalement démunis, plus démunis que nombre d'animaux. Une pierre, un épieu, une liane, étaient de bien faibles moyens de défense contre les animaux féroces ou une troupe d'affamés déterminés à leur voler leurs maigres biens.

Au beau milieu de ces conditions de vie, nos Éthériens apparurent. Ils parurent d'abord plus grands et plus forts que le plus grand et le plus fort des chefs (ces derniers s'imposaient aux autres membres du groupe par la force, la hardiesse et la ruse...). D'emblée ils firent donc autorité, mais d'une certaine manière qui ne fut point celle de la manière forte.

Pendant que les hommes, donc, étaient partis, les femmes restaient au campement à vaquer à leurs occupations. "La bonne aubaine" penseront certains... Certes, mais pas à la manière dont ils pourraient se l'imaginer.

Ce qui souciait nos femmes d'alors ce n'était point le charme "sex and sun", comme il semblerait de nos jours. Ce qui les intéressait, c'était la capacité manifeste qu'avaient ces nouveaux venus de les protéger vraiment, non pas en courant à tort et à travers, mais en les accompagnant pas à pas, soucieux du moindre détail.

LES GLORIEUX

À l'endroit où nous essayâmes de nous implanter parmi les êtres humains primitifs, nous procédâmes bien différemment de certains de nos Frères, plus humbles, patients et sages. La part d'*ombre* qui gisait en nous, nous détermina à des actions d'un caractère plus "noble", selon notre point de vue et nos inclinations.

Prenant place progressivement parmi les hommes primitifs, nous essayâmes de les réunir autour de nous pour leur transmettre des connaissances qui nous semblaient élémentaires : organisation des activités, prise en compte des conditions climatiques, du cycle des saisons, de la fabrication d'outils... Mais les moyens de cette transmission n'étaient pas ceux du langage, comme nous pourrions trop facilement le croire de nos jours. Leur langage n'était guère plus évolué que celui des animaux à plumes, à poils ou à écailles. Les seuls moyens de communication dont nous disposions étaient ceux de la télépathie, avec des interlocuteurs à l'état de veille ou de sommeil.

Au début, impressionnés par notre stature et notre force physique, ils consentaient à rester en notre présence. Mais leur attention, particulièrement labile, ne pouvait se fixer que très brièvement, tant leurs pensées étaient toutes agitées de préoccupations, d'actions à entreprendre, et leurs émotions empreintes de peurs et de colères. Ce que nous avions à leur transmettre ne les intéressait en rien. Ils n'avaient point de curiosité pour autre chose que la nourriture, la chasse et la guerre. Combien de millénaires se sont écoulés ainsi... et combien de fois l'histoire s'est-elle répétée[1]!

Nous nous aperçûmes – au fil des ans – de la stérilité quasi totale de ce type d'entreprise, et cherchâmes alors à exercer un ascendant sur les terriens en devenant des figures d'autorité, qu'aujourd'hui nous dirions divines.

Il nous était facile de prédire les événements à venir. La prévision des catastrophes naturelles était fort simple pour nous. Nous étions dotés d'un "météosat" extrêmement performant, et qui n'était autre que notre station, avec laquelle nous pouvions être en communication télépathique constante. Ou encore, nous pouvions nous mettre en état de dédoublement pour observer ce qui se passait alentour : approche d'animaux dangereux, de guerriers animés de mauvaises intentions... Bref ! prévenir d'un danger quelconque contre lequel se mobiliser.

C'est à partir de ces menaces, et quelques subterfuges, que nous bâtîmes notre grandeur et pûmes exercer un certain ascendant. Le même que savent manifester des hommes ou des femmes de pouvoir : en prédisant l'avenir ou en se dotant de capacités hors du commun, ne serait-ce qu'apparentes. Ainsi firent (et continuent de faire) certains êtres investis d'un pouvoir surnaturel ou magique, supposé ou

1 [...] pour ressembler de si près à notre actualité remplie de fureur et de bruit. Combien de temps, au cours d'une seule journée, pourrions-nous vraiment consacrer à recevoir des communications télépathiques venues d'autres êtres ? Combien conçoivent que cela leur soit possible ? Combien considèrent qu'il leur soit nécessaire de se relier télépathiquement à ceux qui pourraient les aider si puissamment depuis les autres dimensions ? Fort heureusement nos frères peuvent-ils nous enseigner depuis notre sommeil... Notre inconscient en gardera sans doute quelques traces.

réel. Combien de magiciens, de grands prêtres et d'enchanteurs – tel Merlin – n'ont-ils pas accompagné l'humanité pour l'initier et la guider au cours de sa croissance !... Et combien ne voudraient-ils pas être pris pour ceux-là ?

Mais en procédant ainsi nous demeurions à distance, quasiment hors d'atteinte "du commun". Et notre commerce ne devint jamais un commerce "de proximité", tel que nous eussions profondément désiré en établir, pour obtenir des femmes terriennes leurs faveurs... et établir avec elles une belle descendance éthéro-terrienne qui peuplerait cette Terre et disposerait de notre patrimoine génétique éthérien. Le bénéfice supposé d'une grandeur acquise devint vite, à nos yeux, particulièrement dérisoire. Les dieux restèrent sur leur Olympe, en continuant de désirer des conditions de vie plus humaines, c'est-à-dire procréer avec quelque belle créature, aux formes harmonieuses, parmi les plus susceptibles de faire de beaux enfants. Les "graines" que nous avions semées étaient de toute autre nature que charnelles, et ne trouvèrent à germer et croître que sur les "terres" propices à les recevoir. Ces "graines" ne donnèrent pas toutes des plantes belles et bonnes pour l'Humanité et sa croissance, de loin s'en faut.

Nous avions fait, pensions-nous, de notre mieux, et n'avions semé, croyons-nous, que sur une terre ingrate. Aussi, que n'avions-nous fait comme les Laborieux qui, eux, surent bien mieux faire !

LES LABORIEUX.

Ils furent et demeurent, dans leur discrétion même, les ferments les plus actifs de l'évolution de notre humanité. Si ce livre avait un mérite, un seul, ce serait d'abord de leur rendre hommage. Comment ces Frères, plus lumineux et humbles, surent-ils beaucoup mieux réussir que nous dans leur entreprise ?

D'abord, ils s'armèrent d'infinie patience et ne se montrèrent point avant longtemps. Dans leurs formes éthérées, c'est-à-dire invisibles, ils accompagnèrent les êtres humains primitifs dans chacune de leurs activités, avec cet esprit de service et de dévouement qui caractérise au plus haut point la très grande majorité des habitants de l'Éther. Ils partagèrent, en totale discrétion, toutes leurs joies, leurs peines, leurs craintes et leurs espérances. Ils s'attachèrent à apprécier chacun en ses aptitudes, capacités, et surtout potentialités. Ils analysèrent avec soin les conditions d'existence. Ils sondèrent avec minutie "les cœurs et les reins".

Ils furent bientôt convaincus que l'avenir de l'humanité ne résidait ni dans le cœur, ni dans les mains des mâles humains. Leurs réactions et leurs actions étaient essentiellement primaires, c'est-à-dire impulsives et brutales. Dispersés dans leurs actions, ils n'étaient pas aptes à construire quelque chose de suffisamment réfléchi et durable, ni à tirer enseignement de l'expérience ou à prévoir l'avenir. Ils vivaient et agissaient dans l'instant. Essentiellement actifs et réactifs, ils ne s'encombraient point de préoccupations dites "superflues"... comme seules savent le faire, dit-on, les femmes.

Mais combien ces préoccupations "féminines" parurent essentielles à nos frères qui s'appelèrent, et que nous appelons toujours avec admiration et respect, "les Laborieux"!

Ces terriennes, de par leur condition de mères, devaient se préoccuper de leur progéniture et d'elles-mêmes, c'est-à-dire de tout ce qui pouvait concourir à assurer leur subsistance et leur survie. Beaucoup plus stables que les hommes car beaucoup plus sédentaires, elles étaient soucieuses de réunir et de conserver, puis de protéger les denrées comestibles. Elles devaient même le faire parfois contre leurs compagnons mâles. Elles étaient ensuite particulièrement soucieuses de se protéger elles-mêmes et de protéger leur progéniture contre tous les dangers extérieurs.

Aussi essayèrent-elles, avec leurs bien faibles moyens et facultés, d'étudier, comprendre, et si possible prévoir ce qui existait, survenait ou pouvait survenir. Leurs facultés d'observation et d'attention étaient notablement plus développées que celles des hommes. Et, déjà, il était possible de déceler en elles un trait que l'on se plaît à dire essentiellement féminin : la curiosité (à propos de laquelle nous reviendrons).

D'abord nos Frères Laborieux intéressèrent les terriennes primitives par la force physique et la puissance paisible qui émanait d'eux. Elles n'avaient point, à cette époque, de temps pour des rêves de midinettes, mais devaient concentrer toutes leurs énergies sur l'essentiel : la survie de leurs enfants et d'elles-mêmes. Pendant que les terriens de sexe masculin se dispersaient à l'extérieur, elles devaient garantir les moyens de subsistance, gérer, aménager et ménager... (déjà !) et, pour le faire dans suffisamment de quiétude, avoir des protecteurs vigilants et stables, et surtout présents et serviables.

Ce que firent surtout les Laborieux, c'était d'accompagner les femmes dans chacune de leurs préoccupations vitales. Il fallait protéger la nourriture contre des animaux nuisibles ? Les Laborieux indiquèrent aux femmes comment creuser des niches dans le sol en les recouvrant de grosses pierres ; ou encore, comment le faire en mettant ces denrées hors de portée en les plaçant sur des plateaux en hauteur, dans des sortes de caisses construites avec les moyens "du bord". Ils apprirent aux femmes à dresser des défenses contre les bêtes féroces, en disposant des pieux acérés autour des huttes, des arbres ou des grottes. Ils apprirent...

Ils apprirent à ces femmes tout ce qu'elles désiraient apprendre qui leur permettait d'améliorer leurs conditions de vie et celles de leurs enfants. Elles avaient, en leur âme, développé juste assez de responsabilité et de curiosité pour que les graines porteuses des qualités de l'humanité future puissent croître sur la merveilleuse Planète Bleue.

Les femmes étaient non seulement préoccupées de protection efficace mais également de nourriture et de soins. Les Laborieux se mirent donc au service des femmes pour les aider à découvrir et à utiliser pour les consommer : des plantes diverses, des fruits, des herbes, des baies. Le feu n'existant pas à cette époque de la primhistoire, les viandes étaient mises à macérer dans des décoctions de baies et d'herbes. Les femmes, déjà, avaient pris conscience du cycle des saisons et de son incidence sur le développement des plantes et le comportement des animaux. Les Laborieux leur apprirent à comprendre ces cycles et à en tenir compte. Ils leur apprirent à prévoir et à s'organiser. Ils leur apprirent également à soigner : à soigner les enfants ou les compagnons blessés par une bête féroce ou dans une autre circonstance ; à soigner les piqûres de scorpion ou toute autre blessure, et à recoudre celle-ci avec des aiguilles en os.

Ils leurs apprirent aussi l'usage des plantes. Pour ce faire, ils devaient d'abord les expérimenter sur eux-mêmes. Quelques-uns d'entre eux y perdirent leur enveloppe charnelle et durent être rapatriés, après contrôle de leur numéro de code. Cependant, certains n'eurent pas toujours le temps ni les possibilités d'émettre le signal de détresse qui eût permis à leurs Frères, demeurés dans le vaisseau, de venir les rechercher avant qu'ils ne trépassent physiquement. Il fallait alors lancer une expédition de récupération de la dépouille, puis mettre en œuvre les procédures permettant le retour dans la 5ième dimension.

Par le moyen de cette aide omniprésente, les femmes acquirent et développèrent nombre de qualités et de compétences, que les hommes ne trouvèrent point occasion de développer. Elles surent s'organiser et organiser la communauté de telle manière qu'elles devinrent détentrices d'une réelle supériorité, et d'une réelle autorité. Cette supériorité et cette autorité n'étaient plus celles de la force brutale mais celles de l'intelligence, du savoir... et de la curiosité qui permet notamment de désirer acquérir de nouvelles connaissances.

Il était d'ailleurs étonnant de faire constat que les hommes, pourtant spectateurs de cette évolution, ne se posèrent guère de questions. À ce propos, nous pouvons nous demander si ce n'est pas là une faculté que le Créateur pensa inutile de donner à la créature humaine de sexe masculin (mon épouse me fait souvent remarquer, lors d'enseignements ou de stages de spiritualité, de thérapies énergétiques, de développement personnel ou de parapsychologie, que les hommes sont en bien grande minorité... et nous sommes cependant à l'aube du 3ième millénaire, plus de trois cent mille années éthériennes après la venue sur Terre des Éthériens !).

Ainsi, les Frères Laborieux devinrent les alliés de chaque instant, les conseillers précieux et responsables... et les compagnons utiles et peut-être (?) désirables.

L'AUBE D'UNE HUMANITÉ NOUVELLE

C'était les femmes qui, en ces temps reculés (mais encore bien souvent de nos jours) choisissaient leur compagnon de vie, de fortune ou d'infortune. Les hommes étaient, bien sûr, choisis en fonction de leur force, de leur agilité, de leur adresse, et non point en fonction de leur minois.

Il apparut assez vite, à quelques terriennes avisées, que le compagnon le plus souhaitable pouvait être l'un de nos Frères Laborieux. Des couples se formèrent et des enfants naquirent.

Les enfants qui naquirent ne furent point ces géants dévoyés dont parlent les Écritures. Certes, leur stature était plus haute et forte, mais surtout ils devinrent génétiquement porteurs de nouvelles qualités plus spécifiquement éthériennes : la vivacité de l'intelligence, les capacités d'attention et d'observation, le goût de la beauté, les facultés extrasensorielles et, par-dessus tout, cette qualité que l'on appelle vilain défaut tant elle est inquiétante : la curiosité.

Un peu plus haut, je vous avais promis de vous en reparler. Que serait devenue, en effet, notre humanité sans cette qualité très spécifiquement éthérienne : la curiosité ? Elle est sans doute l'une des caractéristiques les plus grandes de nos Frères de l'Éther, et que je partage amplement avec eux. Je ne me serais, sinon, jamais soucié d'autre chose que de ce que l'on enseigne sur Terre via la famille, et les institutions pérennes et académiques de l'Éducation nationale ; je n'aurais jamais interrogé mes mémoires et me serais contenté des dires de mes parents, enseignants ou maîtres, tout banalement.

Mais cette curiosité amène non seulement à se poser (et à poser) des questions sur toute chose et sur soi-même, mais encore à entreprendre des expériences, uniquement pour découvrir et comprendre. Or, ces expériences peuvent être aussi fructueuses que désastreuses. Car il n'y a pas de borne à la curiosité. Elle questionne sur tout et tous, aussi bien dans le domaine de la Lumière que dans celui de l'*ombre*, nous l'avons vu dans le premier chapitre. Combien ont désiré aller voir, sans prendre les précautions préalables indispensables, et combien ne sont point revenus de leurs voyages ou de leurs expériences... ou ne savent plus qu'ils peuvent en revenir ? C'est aussi à eux que ce livre s'adresse.

À cette curiosité, trop souvent et facilement cataloguée de malsaine, bien peu de pouvoirs installés, même les mieux défendus, même les plus forts, ne peuvent résister bien longtemps. Il faut parfois des siècles, voire des millénaires, pour que les mécanismes d'une dictature politique, philosophique, économique, religieuse ou morale, soit démontés dans leurs rouages les plus secrets et redoutables.

Mais cela finit par se faire. Ainsi, tout pouvoir construit sur une dissimulation est voué à dissolution sous l'effet corrosif de la curiosité. Tôt ou tard cela finit par arriver. Il en sera de même des alliances ultra-secrètes que certains gouvernements ont noué avec des civilisations aliénigènes (extraterrestres) du côté de l'*ombre*. Les hommes seraient-ils en train de changer un peu ? Regardons les déchirements ethniques qui portent aujourd'hui, en certaines contrées, le nom odieux de purification. Regardons les guerres et les volontés de domination. Regardons les désirs de conquête, y compris interplanétaire. Regardons les essais des armes nucléaires (et d'autres, très effroyables et aux effets encore quasi inconnus et imprévisibles, que les militaires mettent au point dans le secret après avoir annexé – et parfois rendus "secret défense"- les brevets de certains très grands chercheurs, tels ceux de Nicolas Tesla, et qui permettraient à l'humanité de disposer d'énergie gratuite et inépuisable)...

Ce sont, par exemple, les armes monstrueuses que nous concocte le "High Fréquency Active Auroral Rechearch Programm" (HAARP ou *Programme de recherche aurorale de haute fréquence active*). Par ce programme, les militaires américains disposent d'armes de 1,7 milliard de watts (1,7 gigawatts) de puissance radiante active, capables tout bonnement de faire bouillir l'atmosphère, de transformer la planète en four à micro-onde et de causer des dommages irréparables à l'atmosphère terrestre (cf. Le livre de Jeanne Manning & Dr Nick Begich : "*Angel's don't play this HAARP*", dont des extraits sont cités par Lee Carroll dans le beau livre : *Aller au-delà de l'humain* – Kryeon, Tome II, Éditions Ariane). Et les militaires russes ont, quant à eux, mis au point une nouvelle génération d'armes anti-personnelles utilisant des générateurs de radiation électromagnétique dérivés d'émetteurs micro-ondes à très haute puissance également (5 000 000 watts). Or, l'organisme humain est entièrement régi par des processus électromagnétiques dynamiques aux fréquences spécifiques. Ces armes tactiques sont tout simplement réglées pour entrer en *phase résonante* avec le cerveau humain (fréquences comprises entre 5,3 Hz et 7 Hz). Ces champs magnétiques pulsés induisent notamment perte de mémoire, désorientation, nausées, agressivité ou anxiété et, en poussant un peu la puissance, ils peuvent créer des dommages cérébraux irréversibles ou provoquer la mort (cf. Les livres très édifiants de Jean Pierre Girard : Psychic ou le pouvoir de l'esprit sur la matière / du KGB à la CIA, de la recherche atomique aux usines d'armement, aux Éditions Filipacchi, et de Stan Deyo : *La conspiration cosmique*, chez Louise Courteau Éditrice, où vous pourrez également découvrir l'emploi "militaire" des Très Basses Fréquences (T.B.F.) et leurs actions puissantes sur le cerveau, et le formidable et très documenté *Livre jaune N° 5*, aux Éditions Félix, rédigé par un collectif d'auteurs. Tous ces auteurs, particulièrement qualifiés, nous font des révélations capitales grâce à leurs recherches menées tous azimuts dans les coulisses des "princes obscurs" de ce monde, où les travaux scientifiques fondamentaux (électromagnétisme, électro-gravitation, propulsion électro-dynamique, suggestions subliminales, manipulations génétiques...) sont menées sans conscience, c'est-à-dire sans considération du devenir de l'Être humain.

Notre fin de siècle est particulièrement féconde en processus de cette nature : effondrement du mur de Berlin ; déliquescence des régimes communistes ; effondrement des dictatures de droite ou de gauche sur les continents africains, sud-américains, asiatiques ; éclatement des "affaires", de corruption, de détournement de fonds, de fraudes ou de malversations diverses et variées dont on découvre coupables les politiques au plus haut niveau de l'état... Car la curiosité vise toujours, dans son intention première, à mettre en Lumière. Alors que les manipulations, magouilles et dominations sont du domaine de l'*ombre* où elles cherchent toujours à mieux se dissimuler. Aussi, bien évidemment, les détenteurs de ces types de pouvoirs n'aiment point les curieux, surtout s'ils sont intelligents et encore moins s'ils sont bavards. Il est plus sûr de les exterminer, car "les morts ne parlent plus" à ce qu'ils croient dans leur ignorance.

Sans doute est-ce pour ces différentes raisons que les bouddhistes tibétains désignent l'ignorance comme la tare la plus haute et le plus grand des péchés. Cette ignorance qui peut submerger le "corps de désir" au point de devenir une émotion aussi viscérale que la peur, ou la volonté de puissance, serait à traquer inlassablement – et très méticuleusement. Celle-ci, en effet, a une propension marquée à s'autosatisfaire, et à faire projection* massive sur le monde environnant de tout ce qu'elle imagine dans sa fatuité ; à identifier les objets et les personnes extérieurs aux représentations qui l'habitent, sans chercher au-delà. L'ignorance fonctionne toujours "au premier degré" de l'évidence à courte vue. Fort heureusement, de plus en plus nombreux sont ceux qui ne s'en contentent plus.

Aussi ce livre devient-il aujourd'hui possible à parcourir pour ceux qui restent dans une ouverture d'esprit, curieuse de ce qui peut être nouveau, et qui permet d'avancer sur le chemin, le Chemin de plus de Lumière et de compréhension.

Mais les tenants de l'*ombre* et des pouvoirs aliénants, physiques, affectifs ou intellectuels sont là, et ne font pas de quartier. Un curieux vient-il à se présenter, ils cherchent d'abord quelle est sa part d'*ombre*, c'est-à-dire de faiblesse ou d'erreur potentielle. Cette part trouvée, ils l'exploitent, au maximum, pour épuiser, égarer, enfoncer ce curieux dans les plus grands égarements ou obscurités, et le perdre – si possible définitivement – afin qu'il vienne à son tour nourrir de ses pouvoirs les troupes des ténèbres et leurs terribles égrégores*, et combattre la Lumière insupportable pour eux.

Mais à tous ceux qui, lisant ces lignes, se disent que la part d'*ombre* qui les habite, et leur cause tant de souffrance, est trop importante pour qu'ils puissent "s'en sortir un jour", je voudrais affirmer que, s'ils lisent ce livre justement, rien n'est perdu pour eux. Cependant, qu'ils ne parlent pas précisément de ce qu'ils lisent, car immédiatement et comme fatalement, ils trouveront autour d'eux des détracteurs féroces qui chercheront à prouver que tout cela n'existe pas, que rien de tel n'est possible, qu'on le saurait depuis longtemps, que les autorités scientifiques, académiques, religieuses, disent le contraire... Oui ! mais s'ils lisent ce livre, c'est qu'un peu de la Lumière salvatrice de la curiosité vibre encore en eux et qu'ils peuvent suivre ses élans – mais en restant dans la plus grande vigilance de ne jamais accepter ce qu'ils ne peuvent vérifier par eux-mêmes et, s'ils ne le peuvent, de vérifier que cela correspond à ce qu'ils ressentent comme profondément juste.

LA CURIOSITÉ ENNEMIE DE L'*OMBRE*

Ombre et Lumière s'affrontent avec une terrible violence, dans toutes les dimensions. Ceux de l'*ombre* diront qu'il n'y a qu'un seul camp, qu'une seule vérité, qu'un seul maître. Ils iront jusqu'à proclamer que si vous ne pensez pas comme eux, vous devez être exterminés. Regardons combien, dans de trop nombreux pays, parfois si proches du nôtre, ces affirmations terribles rassemblent de foules furieuses et nourrissent d'attentats et de guerres fratricides.

Aussi la curiosité est-elle violemment combattue, et notamment chez les femmes. Il y a à peine plus d'une génération dans le beau pays de France – qui s'enorgueillit d'avoir si bien représenté le siècle des Lumières – certaines femmes avaient interdiction de lire, y compris chez des cadres supérieurs ou de hauts responsables. Et aujourd'hui, combien de femmes ne s'estiment pas aptes, ou autorisées, à "aller voir plus loin". Car cela pourrait, sinon, remettre fâcheusement en cause l'ordre établi par ceux que nos amis espagnols appellent les *machos*.

Nous n'en étions pas tout à fait là en ces temps de primehistoire. Et si les terriens jouaient les machos, ce n'étaient qu'à grand renfort de gros bras, sans beaucoup de cervelle. Les femmes détenaient donc la véritable autorité. Et elles faisaient, en conséquence, le choix de ceux avec lesquels elles allaient procréer.

Bien leur en a pris, je crois. Sinon, jamais l'humanité d'alors ne serait vraisemblablement sortie de son état primitif, sur cette planète aux vibrations si denses. Jamais elle ne se serait intéressée à acquérir autre chose que les biens correspondant aux motivations basiques visant la satisfaction des besoins physiologiques, de sécurité et d'appartenance à un groupe social. L'homme serait resté dans cette valence animale dont il a tant de peine à s'extraire, même lorsqu'il "caresse" le volant d'une automobile ou le clavier d'un ordinateur.

Les conséquences des implantations éthériennes sur terre furent évidemment grosses de conséquences techniques, culturelles, économiques et religieuses. Elles se firent en différentes régions du globe et à des époques diverses, tout au long de l'histoire de notre humanité et de ses civilisations.

Aussi vous inviterai-je maintenant à explorer, en compagnie du Gardien des mémoires de l'Éther, quelques épisodes de vies entre Terre et Éther, en des lieux ou des époques qui furent significatives dans l'histoire de l'humanité de la Terre.

VIES ENTRE
TERRE ET ÉTHER

5 – AU TEMPS DE MÛ

Partout, s'agitaient les minorités subversives
qui tiennent sous le boisseau des torches incendiaires,
prêtes à les brandir.
Ces minorités travaillent dans l'ombre, à l'abri même,
ô paradoxe, de l'humanité et de notre conscience du droit.
C.G. Jung, *Présent et avenir*

Je ne vous parlerai pas d'Âge d'Or, ni de Paradis. Jamais je ne les ai rencontrés sur Terre, même aux périodes les plus heureuses. S'il y eut sur la Planète Bleue une période paradisiaque, elle devait certainement se situer avant notre venue, en des temps où les êtres vivaient sans autre préoccupation que celle de choisir, pour leur subsistance, les fruits que la Terre Mère leur donnait avec prodigalité en certaines contrées verdoyantes... Mais je n'ai personnellement pas connu ces époques bienheureuses durant lesquelles vécurent ceux que notre mythologie chrétienne appelle Adam et Ève, avant qu'ils ne soient déchus[1] pour avoir symboliquement "croqué la pomme". Cette fameuse pomme qu'en fait nous nous étions proposés de croquer avec leur descendance, sous la forme des fruits de notre connaissance – que nous n'aurions voulu être que celle du bien, du bon et du beau.

L'*OMBRE* POINTE

Au fil des millénaires, depuis que nous avions établi plusieurs de nos colonies sur Terre, une civilisation s'était développée, devenue très évoluée en de nombreux points autour du globe et surtout en Terre de Mû.

1 C'est-à-dire tout simplement incarnés dans la 3ième dimension, et non plus en potentialité dans la première ou la seconde dimension – ou encore déjà incarnés dans des dimensions plus subtiles d'où ils se condensèrent pour prendre un véhicule physique.

Concernant les équipes descendues sur ce continent, vous vous rappelez que les liens qui avaient pu être établis par certaines d'entre elles étaient de nature plus "glorieuse" que "laborieuse". Le temps et la persévérance aidant, ces équipes "glorieuses" parvinrent à s'intégrer peu à peu aux populations locales, à y prendre femme et y avoir une descendance. Cette descendance dotée, ainsi que nous l'avons vu, d'informations et de capacités génétiques différentes, n'avait pas eu de grandes difficultés à imposer son ascendant aux populations autochtones dont les représentants étaient devenus les guides respectés, pour leurs qualités empreintes de noblesse.

Sous leur impulsion, les tribus s'étaient transformées en communautés organisées. Des cités s'étaient édifiées. Les hommes de la Terre purent progressivement recevoir, comprendre et intégrer certaines de nos connaissances, pour devenir ce que nous appellerions, au vingtième siècle, des peuples hautement civilisés maîtrisant, par exemple, les voyages aériens.

Le vaste continent de Mû était peu peuplé et d'immenses espaces devaient être franchis pour établir des échanges intellectuels, scientifiques et commerciaux. Certains écrits hindous très anciens tels le Maha Bharata et le Ramayana qui s'y réfèrent, font mention explicite de ces engins volants, que nous appellerons avec eux : vimanas. Ceux-ci étaient donc déjà utilisés par les terriens. Mais aussi des armes, infiniment plus sophistiquées que des arcs et des flèches, plus redoutables que nos modernes fusils et autres mitraillettes, et dont les effets pouvaient être anesthésiants ou mortels...

Or, nous étions à bord d'un vaisseau placé en orbite stationnaire autour de la Terre, à l'aplomb d'une région située au Nord du très vaste continent de Mû, trois fois grand comme l'actuelle Australie. Des renseignements nous parvenaient régulièrement, fournis par nos "ancrages"[1] sur Terre, venant confirmer nos observations directes.

1 Un "ancrage" est une personne restant connectée aux Éthériens de la 5ième dimension, et avec laquelle ceux-ci peuvent établir des communications télépathiques en toute confiance.

LES MAUVAIS ANGES

Il y avait plus dangereux pour nous que les grands fauves carnassiers : ceux du peuple de l'*ombre* qui étaient rescapés de la destruction de la Planète Dorée. Leurs moyens technologiques et scientifiques, tout aussi évolués que ceux du peuple serviteur de la Lumière, avaient permis à bon nombre d'être sauvés et d'aller s'implanter sur d'autres planètes, dont la Terre... Et, sur elle, Mû était un trop beau continent pour rester oublié.

C'est de ces serviteurs de l'*ombre* dont le si ancien livre d'Énoch parle en disant (chapitre VI) :

> "2. Et les anges, fils des cieux, les virent (les filles des hommes belles et jolies), et ils les désirèrent, et se dirent entre eux : "Allons, choisissons-nous des femmes parmi les enfants des hommes et engendrons-nous des enfants." 3. Alors Semyaza, leur chef, leur dit : " Je crains que vous ne vouliez peut-être pas accomplir cette œuvre, et je serais, moi seul, responsable d'un grand péché." 4. Mais tous lui répondirent : "Faisons tous un serment, et promettons-nous tous les uns aux autres avec anathème de ne pas changer de dessein, mais de l'exécuter réellement." Puis au chapitre suivant, naissance et méfaits des géants, il est écrit : "1. [...] <ceux-ci,> et tous les autres avec eux, prirent des femmes ; chacun en choisit une, et ils commencèrent à aller vers elles et à avoir commerce avec elles, et ils enseignèrent les charmes et les incantations, et ils leur apprirent l'art de couper les racines et (la science) des arbres"... Enfin le chapitre VIII nous apprend ce que les mauvais anges enseignèrent aux hommes : "1. Et Azazel apprit aux hommes à fabriquer les épées et les glaives, le bouclier et la cuirasse des poitrines, et il leur montra les métaux, et l'art de les travailler, et les bracelets, et les parures, et l'art de peindre le tour des yeux à l'antimoine et d'embellir les paupières, et les pierres les plus belles et les plus précieuses, et toutes les teintures de couleur, et *la révolution du monde*[2]. L'impiété fut grande et générale ; ils

---

1 Souligné par moi-même.

forniquèrent, et ils errèrent, et toutes leurs voies furent corrompues".

C'est effectivement ainsi que ceux de l'*ombre* vinrent à s'implanter sur les continents de la Planète Bleue et à s'y développer progressivement en apportant charme, corruption et esprit de révolution. Ils le firent dans le dessein très précis de s'imposer comme des représentants de divinités devant asseoir leur hégémonie en combattant leurs ennemis de toujours : les Serviteurs de la Lumière, partout où ils les retrouveraient. Ils purent facilement recruter leurs adeptes dans les rangs des terriens mécontents des façons de vivre et de faire, instaurées par ceux de la Lumière. Car, parmi eux, il était effectivement des personnes à qui la vie plus policée, moralement plus contraignante et responsable, ne plaisait guère. Des manières plus "viriles" et expéditives étaient bien mieux appréciées de certains, car elles étaient plus favorables à l'expression de leurs instincts primaires.

Leurs idées, simples mais totalitaires, se développaient dans l'*ombre* (comme il se doit). De façon subreptice et pernicieuse, par les moyens puissants du charme et de la corruption, elles franchissaient les espaces, véhiculées par ceux qui avaient été contaminés, et parfois par des Éthériens du côté de l'*ombre* incarnés dans la 3ième dimension (notamment dans des corps féminins aux charmes plus puissants et plaisants, et n'engendrant pratiquement pas de crainte... ce qui est toujours vrai de nos jours, via notamment les arts proliférants du spectacle, du cinéma et de l'audiovisuel).

Lorsqu'ils maîtrisèrent suffisamment de moyens, de pouvoirs et d'êtres asservis à leur cause, ils ambitionnèrent donc de supplanter les Serviteurs de la Lumière, partout où cela serait possible ; c'est-à-dire, à terme, l'ensemble du continent qui nous intéresse : celui de Mû.

Depuis nos vaisseaux, nous observions avec grande préoccupation les menées cachées de ceux de l'*ombre*. Bientôt il ne fut plus une seule cité d'importance qui fut hors d'atteinte. En chacune nous pouvions observer les effets de leurs actions corruptrices. Des renseignements nous parvenaient régulièrement, fournis par nos "ancrages" sur Terre, venant confirmer nos observations directes.

TELS DES PARENTS VIGILANTS

Tels des parents veillant sur le devenir de leurs enfants, nous demeurions à bord des vaisseaux, à scruter et analyser le cours de ces événements qui se déroulaient sur la Terre. Notre vaisseau avait mission, quant à lui, de contrôler l'évolution de la situation politique et sociale sur la région nord de Mû, en laissant tout leur libre arbitre aux êtres qui la peuplaient.

La seule action que nous nous permettions pour aider ces peuples était de les avertir, par le truchement des rêves, des risques qu'ils encouraient[1]. Beaucoup de peuples, tels les Amérindiens, attachent une importance très grande à ces informations reçues en rêve. Pour C. G. Jung elles étaient primordiales. Mais hélas, pour la plupart des occidentaux, les rêves ne sont que des affaires d'enfant ou, au plus, d'adulte en mal d'introspection !

Or cette situation devenait fort préoccupante : toutes les cités les plus importantes étaient investies par les tenants de l'*ombre*, et de moins en moins discrètement. Et nous ne pouvions directement intervenir. Mais une cité plus modeste, restée jusque là hors d'atteinte, avait accueilli récemment quelques personnages particulièrement douteux. Des regroupements commençaient à se faire. Le souverain de cette cité, de filiation éthérienne, était resté en relations constantes avec nous. Il se disait fort soucieux de ces nouveaux événements et sollicitait une aide directe de notre part.

---

1 Ces moyens sont d'ailleurs toujours utilisés de nos jours et bien des hauts responsables, notamment politiques, reçoivent de telles informations ou mises en garde. Hélas ! les plus nombreux ne croient pas en leurs "rêves", et préfèrent s'en remettre aux voyants "extralucides"....

En concertation avec lui et ses très proches conseillers, hommes et femmes de totale confiance, il fut décidé qu'un Éthérien ayant déjà vécu parmi les êtres humains dans la 3ième dimension, prendrait un véhicule physique approprié, dès que cela serait possible, et se rendrait sur Terre pour venir le voir et concevoir avec lui un plan d'action.

Je sollicitais cette mission, car le souverain de la cité était un être que j'estimais pour sa pureté et sa volonté déterminée de faire que sa cité restât hors d'atteinte des forces des ténèbres auxquelles je m'étais souvent "frotté". Je désirais donc l'aider autant qu'il me serait possible.

NOUVELLE MISSION EN TERRE DE MÛ

Un corps physique réanimé, ses fonctions vitales mises au ralenti, attendait d'être endossé. Je me plaçais dans le sas qui me permettrait d'y accéder par condensation, puis de l'incorporer par le sommet du crâne, après avoir quitté mon corps d'éther. Le corps était relativement vaste et grand. L'impression générale qui s'en dégageait, et qui avait été recherchée par ses concepteurs pour cette mission spécifique, était faite de force et de noblesse conjuguées : elle induirait spontanément le respect chez ceux que j'allais rencontrer sur Terre. Assez rapidement je m'habituais à lui, bien qu'en m'y trouvant singulièrement à l'étroit. Mais je n'aurais à le conserver que le temps de mener à bien (?) ma mission, pour ensuite le déposer, tel un vêtement trop petit et contraignant, et rejoindre les miens dans la 5ième dimension.

Un lieu de rendez-vous avait été convenu, à l'Est de la ville, dans une clairière protégée des regards par des collines assez élevées et couvertes de hauts arbres. Une navette m'y déposa pour repartir tout aussitôt et se dématérialiser en quelques secondes. Deux hommes m'attendaient, qui vinrent à ma rencontre. Leurs vêtements étaient simples, de couleur bleu ardoise clair : un pagne, une courte cape, une sorte de bonnet de toile de forme conique, laissant le visage bien dégagé, et aux bords descendant souplement sur la nuque et les épaules. Leurs visages étaient typiques des populations locales : le visage ovale au long nez aquilin, les pommettes hautes et légèrement saillantes, le menton un peu effacé, la taille moyenne. Mon allure était bien différente, et je ne pouvais pas être vraiment pris pour un autochtone de pure souche[1]. Ils m'accueillirent et m'invitèrent à les suivre sans plus attendre. Nous prîmes, d'un pas rapide, direction de la cité, en demeurant silencieux.

Cette cité était enceinte de murs de hauteur moyenne (deux mètres environ), faits de pierres. À la porte de cette enceinte, un gardien revêtu d'un pagne et d'une vaste collerette en métal, munie d'épaulettes triangulaires dont les pointes débordaient largement des épaules. Portée à sa ceinture, un arme légère, telle une canne dont le pommeau était en forme de grosse poire cannelée avec, en dessous, une bague mobile enserrant le canon. La poire était un condensateur d'énergie puissante, partant en rayon de lumière cohérente,

---

1 De la même manière que les Éthériens qui, au cours des siècles passés, vinrent en mission sur Terre et prirent un corps physique adapté à la 3ième dimension, afin d'aider ceux des leurs qui avaient eu accès aux plus hautes fonctions, notamment royales. Il en fut ainsi pour certains rois mérovingiens, lorsque les femmes qu'ils avaient imprudemment mises dans leur couche commencèrent à mener des actions négatives et hautement préjudiciables pour le bien commun et la bonne marche du royaume. Ces missions furent toujours périlleuses, car il n'était pas absolument assuré que la matérialisation dans la 3ième dimension se fit sans encombre pour les navettes venant les déposer ou les reprendre sur Terre, en passant par des portes cosmo-telluriques bien précises, ignorées de l'*ombre*. Ainsi, il arriva que ceux qui avaient accepté ou demandé de telles missions, fussent "perdus" dans des accidents de ce type, pour n'avoir pas eu le temps d'activer leur signal de détresse. Ils n'avaient pu être repérés. Certains attendirent plusieurs siècles avant de pouvoir être rapatriés. Pour être découverts, la condition en était qu'un terrien doté de capacités de clairaudience et de clairvoyance suffisantes, et en rapport avec nous, put les repérer et transmettre leur position afin que l'on vint les rechercher, enfermés dans leur corps physique, et qu'ils puissent être "restaurés", remontés en vibration, puis soignés dans la 5ième dimension.

et dont on pouvait moduler l'intensité en tournant la bague avec le pouce, comme un commutateur-variateur. L'arme était saisie à deux mains et dirigée vers la cible, l'anneau, à peine poussé vers l'avant, libérant le rayon d'énergie pouvant être meurtrier ou simplement anesthésique, selon l'intensité choisie.

Un simple et discret signe de reconnaissance de la part de mes guides permit que le garde nous fasse passer immédiatement. L'architecture des maisons m'apparut dans sa simplicité et sa beauté. Elles étaient de formes sphériques dont l'allure générale pourrait être comparée à celle des yourtes mongoles, qui n'auraient pas été en toile, mais en maçonnerie légère. La structure et la solidité étaient assurées par des piliers de bois recouverts d'une peinture claire, disposés à distance régulière, tous les deux mètres environ. Le toit en était très harmonieux, en forme de cloche légère mais assez plate, les rebords venant à l'intérieur des murs afin que l'eau de pluie puisse être retenue et conduite vers des réservoirs et des puits. Les piliers, dépassant légèrement la bordure du toit, donnaient à l'ensemble un élan plus grand vers le ciel. Toutes les maisons étaient de plain pied. Seule une bâtisse plus importante dépassait le doux moutonnement des toitures : celle qu'on me désigna comme le palais du souverain.

Nous nous rendîmes d'abord dans un lieu que rien ne distinguait des maisons alentour. Le sol intérieur était vaste, et avait ceci de bien particulier qu'il était constitué de sorte de petites dalles nacrées légèrement luminescentes, dispensant un éclairage blanc bleuté très agréable. Aucun mobilier dans cette grande et unique salle, sinon quelques coffres. Au milieu de la pièce était construit un autel circulaire que l'on eut pu prendre pour une simple table, à ceci près qu'il supportait un très grand cristal de quartz fumé, de près d'un mètre de hauteur. Cette salle était, à n'en pas douter, un lieu de rassemblement pour des rituels, des prières ou des méditations, des soins et des mises en relation avec les vaisseaux de l'Éther.

Mes guides m'invitèrent à m'asseoir comme eux, en tailleur, autour du petit autel. Ils se présentèrent. Ils étaient les conseillers et les porte-parole de leur souverain. Ils m'exposèrent leurs inquiétudes et les faits qui les motivaient. Leur analyse recoupait en tous points nos propres observations : le ver était dans le fruit et avait commencé son pernicieux travail de sape. Des étrangers étaient passés il y avait quelques mois, mais étaient tous repartis, semblait-il. Cependant, depuis ce temps, certains habitants se réunissaient secrètement. Leurs comportements et leurs paroles n'exprimaient plus la confiance et la transparence coutumières. Leurs allures étaient devenues plus crispées et leur regards durs et défiants. Ils devenaient, à n'en pas douter, des opposants, renforçant chaque jour leur position. Il n'avait pas été possible d'identifier le fauteur de trouble à l'origine de tout cela. Il était encore manifestement dans la ville. Ce constat établi, nous décidâmes de nous rendre auprès du souverain qui attendait ma venue.

Deux gardiens vinrent nous accueillir, postés devant les hautes portes du palais, et nous demandèrent d'attendre quelques instants. Nous attendîmes bien peu de temps avant que quelqu'un ne vint nous inviter à entrer dans la salle de réception où se tenait le souverain. L'ensemble de la pièce était d'une grande simplicité, sans autre décor que les murs, faits de matière opalescente et laissant se diffuser la lumière du jour en son commencement. La structure de l'ensemble était semblable à celle des maisons, faite de piliers s'élançant vers le ciel, mais de plus grande hauteur cette fois. Le souverain vint à notre rencontre et nous salua chaleureusement. Il était vêtu d'une culotte bouffante resserrée sous le genoux, et d'un court gilet garni d'épaulettes semblables à celles de l'uniforme des gardes.

Il nous fit asseoir près de lui, sur la vaste estrade à laquelle on accédait par trois marches. Son sourire, aimable et clair fit bien vite place à un air fort préoccupé. Il résuma en quelques mots la situation à propos de laquelle nous nous étions entretenus avec ses conseillers. Rapidement il fut convenu de chercher à identifier le lieu et le moment des réunions, et surtout ceux qui les animaient. Le souverain me donnait carte blanche et mettait à ma disposition tous les moyens dont il disposait : le petit corps d'hommes armés qui composait sa garde personnelle et celle de la cité, et les deux vimanas qui étaient en sa possession. Je serais hébergé chez un artisan de la ville qui était un homme de totale confiance et qui se rendait souvent en d'autres contrées pour commercialiser des articles en pâte de verre qu'il produisait. On ne s'étonnerait pas de me voir en sa compagnie, quelques personnes étrangères à la cité étant déjà venues chez lui, afin d'apprendre son art. De plus, il avait coutume de leur faire visiter la petite cité avec ses jardins et ses fontaines, et de les présenter aux autres membres de la communauté. Sa notoriété était grande et tous l'estimaient.

Nos conseillers demandèrent aux gardes d'identifier et de compter toute personne franchissant les deux portes Est et Ouest de la cité, en sortie comme en entrée, en vérifiant bien quand les personnes parties à l'extérieur, revenaient. Peu de jours s'écoulèrent avant que constat nous soit rendu que, certains jours, des personnes sorties en fin d'après-midi ne revenaient que tard dans la nuit, alors que leurs activités coutumières ne paraissaient, en rien, les y obliger. Une fois bien identifiées, ces personnes furent très vite discrètement suivies. Elles étaient une quinzaine à se regrouper hors de la ville, dans un creux de la colline. Il fut décidé de les arrêter. Mais comment ? Il n'y avait ni forces de police, ni armée, et les gardes disponibles étaient en nombre restreint, ceux qui étaient de faction ne pouvant pas être retirés de leurs postes. De plus, il était souhaitable de ne pas attirer l'attention des autres habitants. Mais surtout, le souverain tenait à ce qu'aucun des dissidents ne fut blessé, et que toute l'opération soit menée sans violence, autant qu'il serait possible. Tout au plus autorisait-il qu'il soit fait usage d'une arme à son plus bas niveau d'intensité, pour un effet anesthésique. Ces personnes lui seraient ensuite amenées, elles seraient interrogées individuellement, puis il tiendrait réunion avec elles.

CAPTURE

Nous tenions tous à respecter expressément les directives du souverain. Aussi, nous sommes-nous concertés longuement avec les gardes et les conseillers avant d'arrêter notre plan d'action. Son succès reposait notamment sur l'emploi des vimanas que le Souverain avait mis à notre disposition.

Un petit groupe de gardes armés partit à pied pendant que nous préparions ce qui nous était nécessaire à emporter dans les vimanas. Accompagnés de deux gardes armés dans chacun de ces derniers, nous embarquâmes avec deux conseillers du palais. Quasi silencieusement (seul un léger chuintement se faisait entendre) les vimanas s'élevèrent et prirent rapidement la direction du lieu de la rencontre. Déjà les gardes avaient encerclé le groupe et se tenaient à bonne distance pour n'être pas décelés. Si un individu réussissait à s'enfuir, ils avaient ordre de l'intercepter.

La nuit était suffisamment sombre pour qu'on ne puisse pas nous voir dans le ciel. Les jets d'énergie mis à leur minimum, nous descendîmes lentement. Les discussions étaient animées entre les membres du groupe. Ils ne pouvaient nous repérer. Les gardes qui étaient à bord se tinrent prêts, leurs armes dirigées vers les dissidents, afin d'intervenir si nous étions découverts. Pendant ce temps, l'un des deux vimanas continua doucement à descendre pour s'immobiliser à quelques mètres du sol afin que, sans attendre, le grand filet qui avait été préparé soit lancé. Il le fut si habilement et promptement, que seuls quelques-uns eurent le temps de lever les yeux vers le ciel, et de se protéger la tête en poussant des hurlements et en se demandant ce qui leur tombait dessus.

Tous étaient là, cloués au sol par le filet. Des vimanas, immédiatement descendus près du sol, bondirent les quatre gardes, pendant que je criais aux autres d'accourir prêter main forte. Les personnes capturées furent dégagées du filet et placées sous bonne escorte. Aucune ne chercha à s'enfuir. L'effet de surprise avait été total. La petite troupe s'ébranla pour retourner vers la cité et le palais du souverain, escortée par les vimanas. La première phase de l'opération avait parfaitement réussi.

Le souverain, accompagné de ses conseillers, interrogea chacun. Une grande réunion fut ensuite tenue, qui permit rapidement de mettre en lumière que les personnes présentes avaient été endoctrinées par un étranger venu d'une autre cité. La plupart comprirent et reconnurent combien elles avaient été suggestionnées et manipulées. Le lieu où le responsable de toute cette engeance se tenait discrètement, fut désigné. Il fallait, sans plus attendre, l'arrêter.

DISSIMULÉ DANS LES TÉNÈBRES

L'homme pouvait être dangereux. Il me semblait préférable que celui qui procéderait à son arrestation ne soit pas de la cité, ce dont chacun convint, pour différentes raisons. J'étais, à l'évidence, celui qui répondait le mieux à cette condition. Je proposais d'intervenir seul dans un premier temps, un garde armé m'accompagnerait qui resterait dehors, pour n'intervenir qu'à ma demande.

Le soleil pointait à peine à l'horizon lorsque je parvins à la maison où devait se tenir le servant des ténèbres. Sur le seuil de la porte, je demandais à entrer, ce que je fis, sans attendre la réponse.

Un individu se tenait dans la pénombre la plus épaisse de la pièce. À l'instant même où je perçus son regard et sa vibration je sus que l'individu était un "walk in" : un Éthérien du côté de l'*ombre*, ayant endossé le corps d'un terrien du continent[1]. Mais lui aussi me reconnut instantanément comme Éthérien serviteur de la Lumière. J'eus à peine le temps de voir qu'il dirigeait vers moi sa bague de pouvoir, d'où fusa un bref éclair rouge qui m'atteint en pleine poitrine. Je tombais à terre, l'individu sauta par la fenêtre et disparut. Il ne fut jamais retrouvé.

Quant à mon véhicule corporel, il se trouva brutalement dans un grand état d'affaiblissement. Je ne pourrais, à l'évidence, le maintenir en vie bien longtemps. Il me fallait retourner au plus vite sur le vaisseau, après avoir activé le signal de détresse. Ce fut un des vimanas du souverain qui me ramena dans la clairière où se matérialisa une petite navette triangulaire. Mes Frères récupérèrent ce que l'on pourrait assimiler, dans le principe, à une unité fonctionnelle enfermant toutes les informations et les mémoires constituant mon être singulier. Ma dépouille fut laissée à terre comme il se devait, puisqu'elle était un corps qui avait pu être connu et identifié. "Je" devais être tenu pour mort par ceux de la Terre. Qui j'étais, fut ramené au vaisseau-mère pour retrouver des conditions de vie normale dans un corps d'éther.

La procédure rapide de dégagement du véhicule corporel d'emprunt me permit de ne pas trop baisser en vibration. Après décontamination sous des douches intenses de lumière (auxquelles un corps de chair n'aurait pu résister) je pus revenir parmi les miens, qui m'attendaient un peu in-

---

1 Ceux de l'*ombre* ne s'encombrent pas de savoir si un corps demeurant en vie se trouve encore, ou non, occupé par son locataire légitime. Ils viennent en prendre possession et le locataire se demande ce qui lui arrive, car il n'a plus aucune maîtrise du "navire"... à moins qu'il ne soit tout simplement évincé sans autre forme de procès. L'errance alors, risque d'être longue pour l'entité éjectée de son corps physique et ayant perdu tous ses repères.

quiets. Comme j'eusse préféré les voir heureux et rire avec eux à mon retour !

Je n'avais pas su prendre toutes les précautions requises lors de cette mission et devais en retirer les enseignements pour l'avenir, autant qu'il me serait possible. Je savais cependant que rien, dans les Royaumes du Créateur, ne se ressemble... C'est ce que nous allons découvrir maintenant, bien des millénaires après, lors d'une nouvelle vie en Atlantide.

6 – LE CRISTAL DE L'ATLANTIDE

Nous sommes tous les éducateurs de nos semblables
pour le bien et pour le mal.
Car les humains sont à ce point liés moralement
les uns aux autres, que le guide,
qui est guide pour ceux qu'il conduit,
est dévoyé par ceux qu'il guide.
C.G. Jung, Psychologie et éducation

AMARIS LE SCULPTEUR

Amaris revenait à bord de son vailx[1], joyeux d'avoir retrouvé des amis qui lui étaient chers : Tila, Eraix et Naarl. Amaris, aux commandes de l'engin, amorça tout à coup un large et rapide virage en piqué. La manœuvre avait surpris les passagers et un léger frisson les avaient étreints quelques instants. Amaris éclata d'un grand rire à l'adresse de ses compagnons devenus silencieux. C'est qu'il avait grande confiance en ses qualités de pilote. Le cœur léger, il posa l'appareil... avec le doigté d'un artiste.

Les sourires étaient revenus sur les visages, et tous suivaient Amaris qui, à grand pas, les précédait en les invitant à se dépêcher. Il avait grand hâte de leur faire les honneurs de sa demeure et surtout de leur présenter Eponia, son épouse adorée, son âme sœur qu'il avait rencontrée, il y avait si peu de temps, lui semblait-il. Leur union avait été célébrée par le Grand Prêtre qui les avait félicités de s'être retrouvés et reconnus, en dépit de la différence d'âge assez importante qui existait entre eux. Elle était encore une très jeune femme, d'une radieuse beauté. Lui était dans l'âge de la pleine maturité. Leur bonheur de s'être retrouvés et de pouvoir vivre

---

1 Engins volants du temps de l'Atlantide

ensemble jusqu'au terme de leurs jours était si lumineux et magnifique qu'il emplissait l'espace alentour, et touchait l'âme de tous ceux qui les approchaient.

Le repas, préparé avec amour et grâce par Éponia, avait été délicieux. Bientôt la conversation prit un tour moins serein. Les amis d'Amaris avaient quelques préoccupations : ils craignaient que les êtres qui les servaient comme domestiques ne viennent à se comporter comme certains autres, qui s'étaient progressivement arrêtés de travailler dans certaines familles et n'obéissaient plus à aucune demande, aucun ordre, ni aucune menace, disait-on. Amaris et Éponia comprenaient la préoccupation de leurs amis. En effet, ils entendaient de plus en plus parler de ce phénomène curieux d'opposition passive. Mais ils n'avaient pas, quant à eux, encore vécu de souci de cet ordre : les êtres qui les servaient le faisaient avec zèle. D'ailleurs ils étaient, à l'évidence, très bien traités, et leur admiration était grande envers leurs maîtres, autant que paraissait l'être leur dévouement.

Amaris fit valoir à ses compagnons que l'opposition qui semblait se développer ici et là, si on en voulait croire les rumeurs, ne devait pas être prise bien au sérieux. Les serviteurs n'étaient-ils pas nourris, hébergés, soignés et éduqués autant qu'il était possible. D'ailleurs, nombre de leurs maîtres avaient entrepris de les amener dans des cliniques chirurgicales spécialisées, afin qu'il leur soit donné figure plus humaine et agréable à voir. Effectivement, beaucoup avaient été amputés de leur appendice caudal, et leurs traits, d'ordinaire si grossiers, avaient été remodelés. Certains même avaient été dotés de vêtements qu'ils portaient avec fierté. Et puis de grands savants travaillaient à modifier le patrimoine génétique de ces créatures afin qu'elles puissent, dès la naissance, disposer de traits les plus proches possibles de ceux des êtres humains. Des réussites remarquables avaient été acquises en ce domaine, disait-on, et plusieurs individus avaient atteint un âge leur permettant de se reproduire. Le jour viendrait certainement où les serviteurs seraient tout à fait semblables à eux-mêmes. Tila plaisanta en disant que, si c'était le cas, il était vraisemblable que nombre d'hommes prendraient les femelles comme concubines, ou même comme femmes, puisque leur tempérament était si doux et qu'elles étaient si habituées à obéir au moindre caprice de leurs seigneurs et maîtres[1].

Pour l'heure, ces serviteurs vaquaient à leurs occupations en se tenant l'échine courbée, ainsi que leur complexion semblait les y contraindre. Et puis, leur intelligence était si faible. Aucune malice ne les avait jamais habités. Ils se comportaient toujours avec cette innocence primitive, dénuée de toute méchanceté. Ces manifestations d'opposition passive constituaient, à n'en pas douter, un phénomène aussi étrange que temporaire. Ainsi, Amaris rassurait-il ses amis qui, bientôt, parurent partager les raisons de son insouciance. Il était bien vrai, chacun en convenait, que l'immense majorité des atlantes traitait les créatures qui les servaient avec une affection et une charité les conduisant à toujours leur garantir des conditions d'existence équilibrées et protégées. Quelques-uns, peut-être, étaient moins attentionnés. C'est cela qui devait expliquer que certains de leurs serviteurs se soient "mis en grève". Bientôt, tout rentrerait dans l'ordre. D'ailleurs, le Grand Prêtre s'en était ému et ses pouvoirs spirituels étaient immenses, puisqu'ils étaient amplifiés par le Cristal Suprême.

Ils passèrent dans l'immense atelier d'Amaris, qui était un des sculpteurs officiels parmi les plus appréciés des hauts fonctionnaires de l'état, et du Roi lui-même. D'ailleurs, une très grande sculpture de ce dernier était en voie d'achèvement. Elle faisait près de cinq mètres de hauteur et représentait le souverain revêtu de son habit d'apparat, debout, et tenant

1 Effectivement, c'est ce qui se passera après l'effondrement de l'Atlantide avec les êtres dont le patrimoine génétique avait été modifié. Leur descendance a, parmi d'autres, constitué la mosaïque des peuples de la Terre dont nous sommes issus.

dans sa main droite, légèrement levée, un rouleau de parchemin. Le souverain avait tenu à lui passer personnellement commande et lui avait fait toute sorte de recommandations. L'œuvre était réussie et plairait, à n'en pas douter.

Tila était émerveillée que l'on puisse sculpter des blocs de pierre aussi énormes. Elle s'était, d'ailleurs, toujours demandé comment les sculpteurs pouvaient bien procéder. Amaris lui montra ses canons à énergie. Ils étaient de toutes tailles et de toutes puissances. Avec le plus gros, on eut pu aisément tailler une route au flan d'une montagne et, avec le plus fin, rendre à la pierre l'effet de l'étoffe la plus légère. D'autres canons à énergie se transformaient en délicats pinceaux de lumière, grâce auxquels il était possible d'obtenir le poli le plus doux. Amaris montra encore ses vêtements de protection, fort semblables à ceux que portent nos modernes soudeurs. Il expliqua à Tila, que grâce à ces engins si puissants et précis, elle eut pu, elle aussi, et avec grande facilité, tailler dans la roche la plus dure, et obtenir un poli parfaitement lisse sur les cristaux les plus précieux. Le plus pénible était le port des vêtements de protection et l'évacuation des débris. Mais, pour ce dernier travail, des serviteurs zélés s'en acquittaient très bien.

LE GRAND PRÊTRE, LE CRISTAL ET LES CRÉATURES.

En Atlantide, le plus haut dignitaire de la nation et le plus respecté était, après le Souverain, le Grand Prêtre. Avant qu'il n'ait en charge les plus hautes fonctions du clergé, ses qualités avaient été grandement éprouvées afin qu'il soit assuré, aux yeux de tous, que les responsabilités qui lui seraient confiées soient parfaitement tenues.

Ce haut personnage avait, en effet, une responsabilité que personne, de nos jours, ne pourrait concevoir ou même imaginer. Cette responsabilité était d'avoir la charge du

Cristal Suprême, qui était dans le monde le plus gros cristal connu, d'une taille considérable. Sa couleur était violette.

Cela semble assez banal au premier abord, me rétorquerez-vous peut-être. Cela peut effectivement le paraître pour tous ceux de notre civilisation de progrès technologique et scientifique, qui ne connaissent pas la puissance des cristaux. Il est communément reçu qu'un cristal, fut-il d'une taille considérable, n'est qu'un cristal, c'est-à-dire une matière minérale, de structure parfaitement définie, régulière et d'une grande pureté mais, croit-on, rien d'autre qu'un beau gros "caillou". Pourtant, tous ceux qui auraient vécu en Atlantide et qui penseraient cela aujourd'hui, auraient perdu la mémoire de ce que nous pourrions considérer comme le point capital de la civilisation atlante.

Les pouvoirs de ce Cristal Suprême étaient considérables. Ils permettaient d'abord, pour tous les Atlantes, de se relier à la Source Une et de s'unir à Elle. Grâce au Cristal Suprême, toute cérémonie privée ou publique, tout rituel ou toute méditation convenablement orientés, permettaient de se connecter à l'énergie divine et de l'utiliser à des fins publiques ou privées. Il était naturellement requis que celles-ci soient positives et contribuent au bien commun. La tâche du Grand Prêtre était de veiller constamment à cela, et de maintenir le registre vibratoire du Cristal Suprême le plus élevé possible. Ce Cristal Suprême permettait au Grand Prêtre d'être, de ce fait, en contact télépathique avec chacun et d'émettre et recevoir tout message psychique. Pour ce faire, la procédure était fort simple : il suffisait de se tenir devant un cristal approprié et correctement programmé, pour établir la connexion après avoir orienté son intention avec justesse[1].

Certaines créatures avaient observé leurs maîtres opérer de la sorte. Et elles les avaient imités. Sans doute ne possédaient-

1 C'est également un moyen efficace de nous mettre en relation avec les vaisseaux de la 5ième dimension, à certaines heures bien précises, lorsque les activités des hommes se sont apaisées.

elles pas de langage correctement articulé, ni beaucoup d'intelligence, mais elles étaient dotées d'un psychisme leur permettant d'éprouver des émotions très fortes, et d'avoir un début de volition personnelle. Ainsi, le Grand Prêtre avait reçu leurs émotions et leurs états d'âme, amplifiés par le Cristal Suprême. Il en avait été profondément ému et, tel un Abbé Pierre prenant publiquement fait et cause pour les déshérités, il désirait témoigner de cette souffrance ressentie. Le premier, il déclara que ces créatures domestiques étaient purement et simplement tenues en esclavage, et qu'il n'était point digne de l'âme atlante et de sa haute civilisation de les exploiter ainsi. Mais il s'était heurté à un mur d'incompréhension gênée.

Jusqu'alors aucun atlante n'avait, un seul instant, imaginé qu'il puisse être un esclavagiste à l'instar de ceux des peuplades primitives qui menaient des expéditions guerrières dans le but de ramener des prisonniers à mettre en esclavage. Personne n'avait songé à cela, tant chacun était persuadé, au fond de son cœur, que sa façon de traiter ces êtres primitifs était louable. En effet, qui pourrait penser que, s'occupant avec attention de son animal domestique à quatre pattes, lui donnant nourriture, caresses, gîte et soins vétérinaires, il le traite en esclave ? Bien peu le penseraient sans doute (et peut-être pas même les militants les plus engagés dans la protection de la gent animale). Et pourtant, observons combien certains maîtres ont d'exigences tyranniques envers leurs animaux familiers qui doivent, en permanence, se plier au moindre de leur caprice, fut-il le plus affectionné. Cet état de chose était donc véritablement normal pour les Atlantes. Ils demandaient à leurs créatures de les servir en échange de leurs bons soins, et de faire selon leurs désirs... comme nous le demandons donc, le plus souvent, à nos chiens ou à nos chevaux, sans concevoir un instant que ces êtres puissent avoir leurs propres désirs.

C'était sans compter sur le Grand Prêtre et le Cristal Suprême. La prise de conscience du haut dignitaire allait être aussi fatale à l'Atlantide et à ses populations, que le fait de croquer le fruit de l'arbre de la connaissance du bien et du mal l'avait été pour Adam et Ève. Le paradis de l'Atlantide allait se fissurer...

QUAND LE MAL VIENT À ÉCLORE

Il ne faudrait pas se plaindre auprès d'un cristal, surtout lorsqu'il est un Cristal Suprême, tel celui de l'Atlantide. Son programme peut s'en trouver alors totalement dévié et les conséquences en être terrifiantes. D'ailleurs, le continent de l'Atlantide ne put y survivre. Essayons de comprendre ce qui conduisit à l'anéantissement total de cette prodigieuse civilisation.

Nous devons, tout d'abord, bien considérer qu'un cristal est un être à part entière. Quand j'écris un être, je veux dire une entité douée de conscience, de pensée et de libre arbitre. Cependant, ce qui différencie un cristal de vous ou de moi, c'est que sa puissance peut être considérable du fait de sa structure cristalline, aux "périodes" (ainsi que les nomment les experts en cristallographie) d'une parfaite régularité, mais surtout, le fait qu'il soit un être éternel, pouvant agir sur des durées inconcevables pour l'entendement humain[1]. Et si nous nous risquions à un peu d'humour, nous pourrions exprimer l'hypothèse que le Cristal Suprême de l'Atlantide, désormais englouti au fond de l'océan, est sans doute toujours actif, et qu'il continue sa suggestion des consciences humaines, étonnamment endormies au sein du crétinisme ambiant savamment entretenu par les médias avec tant de persistance et de professionnalisme... "débranchés".

1 Trop de personnes qui ont compris certains pouvoirs des cristaux n'en mesurent pas la puissance. Ils ne devraient pas être utilisés avec tant de désinvolture à des fins thérapeutiques. Les risques sont d'importance : un cristal mal programmé peut agir pendant des milliers d'années.

Le Cristal Suprême, placé sous l'autorité du Grand Prêtre, avait donc été programmé pour servir les Atlantes, et notamment en matière d'énergie. Chacun, grâce à son autel particulier de cristaux, pouvait être relié à lui, nous l'avons dit. Or, un jour vint où le Cristal changea de programme lui-même sans que le Grand Prêtre s'en aperçut. Comment cela a-t-il pu se produire ? Je ne puis proposer au lecteur que des observations et quelques hypothèse car... Amaris n'était ni le Cristal, ni le Grand Prêtre.

Il était donc apparu au Grand Prêtre que les créatures étaient, de fait, les esclaves des Atlantes et que certaines d'entre elles en souffraient. Il demanda au Cristal d'aider ces créatures, mais cela ne correspondait pas au programme parfaitement déterminé de celui-ci qui était de servir les Atlantes, et non les Créatures. Et nous dirons que, depuis ce moment, le Cristal a de lui-même introduit une aberration dans son système, semblable à celui d'un colossal ordinateur. Et le Grand Prêtre en fut, lui aussi, la victime.

Mon hypothèse est que le Cristal ne pouvait concevoir de servir des Atlantes susceptibles d'être source de mal ou de souffrance puisque, par définition, son programme était de les servir afin qu'ils entreprennent des choses belles et bonnes, et de leur transmettre toutes les énergies utiles pour cela. Il cessa donc, dans une certaine mesure, de le faire.

Plus précisément, le Cristal Suprême en dysfonctionnement désormais "éternel", n'obéissait plus au Grand Prêtre par lequel la notion de mal était apparue et fut imputée à ses semblables. Un cristal, quel qu'il soit, n'a pas d'état d'âme. Il généra désormais de toutes autres énergies, bien étonnantes lorsqu'on y songe. Ces énergies avaient notamment pour effet d'anesthésier la conscience des Atlantes. Bientôt, la plupart d'entre eux ne se posèrent plus de questions quant à la qualité des actions qu'ils entreprenaient, sans discernement du bon et du moins bon, et encore moins de ce qui pourrait paraître mal. Ils se mirent à vivre dans une sorte d'état de semi-inconscience. Pour eux, "tout le monde était beau, tout le monde était gentil". Il n'était plus requis de faire un effort quelconque et encore moins de "chercher midi à quatorze heures". Mais tous les Atlantes ne furent pas ainsi anesthésiés, ou pas aussi vite. Certains pensèrent que le programme du Cristal avait été changé dans une intention bien suspecte, par le Grand Prêtre peut-être. Ils sortirent leurs cristaux personnels hors de leurs demeures, et beaucoup les cassèrent[1].

Quoi qu'il en soit, pendant ce temps, le Grand Prêtre avait, lui, pris fait et cause pour les créatures et les avait conduites à se rebeller contre leur condition d'esclaves. Celles-ci l'écoutèrent à leur manière. Comme ces serviteurs étaient d'un tempérament très doux, et très attachés à leurs maîtres, ils n'entreprirent jamais d'actions hostiles contre ces derniers. Simplement, ils s'arrêtèrent de leur rendre service et on pouvait les voir errants, non loin de chez eux, le regard vide, ne sachant plus que faire. Cela prit bientôt une proportion telle que, progressivement et assez rapidement, toute l'économie de l'Atlantide, basée sur cette main d'oeuvre facile et dévouée, se trouva paralysée et amorça une chute vertigineuse. "Tous les indicateurs étaient au rouge"... et la plupart des Atlantes ne semblaient point s'en affecter, préoccupés à leurs seuls plaisirs. Et la plupart se roulèrent dans une terrible débauche. Ce n'était pas le cas de tous cependant.

LA RÉBELLION DE L'APOCALYPSE

Quelques saisons passèrent, de plus en plus préoccupantes. Seuls les Atlantes ayant coupé leurs connections avec le Cristal Suprême avaient les capacités de discernement suffisantes pour mesurer l'ampleur du désastre. Ils surent se

---

1 Trop de personnes qui ont compris certains pouvoirs des cristaux n'en mesurent pas la puissance. Ils ne devraient pas être utilisés avec tant de désinvolture à des fins thérapeutiques. Les risques sont d'importance : un cristal mal programmé peut agir pendant des milliers, voire des millions d'années.

reconnaître et se rassemblèrent de plus en plus souvent, sans que leurs compatriotes, passablement "anesthésiés", ne s'en émeuvent outre mesure.

Amaris, quant à lui, avait choisi de quitter la capitale pour s'installer sur l'île d'Anthéa avec son épouse adorée. Cette île était à environ trois heures de bateau des rivages du continent atlante. Il avait acquis ce bateau pour pouvoir également transporter de grands blocs de pierre et continuer ainsi à se consacrer à son art. Amaris avait bien été informé des pensées et des agissements de ceux qui croyaient que le Grand Prêtre agissait sur les esprits d'une façon néfaste par l'intermédiaire du Cristal Suprême. Il connaissait le Grand Prêtre. Il était persuadé que celui-ci était un être parfaitement intègre, qui n'avait pour seul souci que le bien-être de ses semblables et de toutes les créatures. Amaris n'avait pas retiré les cristaux de son autel familial, et n'en avait donc cassé aucun. Aussi était-il engourdi comme tous ceux qui restaient connectés au Cristal Suprême. Il ne pouvait pas consciemment admettre que son influence était insidieusement néfaste pour tous. Parfois, il taillait encore certains grands cristaux d'améthyste ou d'émeraude à l'aide de ses outils puissants. Retranché sur cette grande île avec nombre de ses compatriotes dont certains étaient des amis, notre sculpteur pensait être, avec celle qu'il aimait tant, à l'abri de tous les remous sociaux et économiques qui secouaient les peuples de l'Atlantide.

Mais, sur le continent, s'étaient mobilisés nombre de ceux que nous appellerons les "débranchés" (sans donner à ce mot aucune valeur péjorative), ayant conservé toute leur acuité intellectuelle et tout leur discernement. Ils s'étaient convaincus que la source de tous leurs maux était le Grand Temple, en la personne du Grand Prêtre manipulant les énergies du Cristal Suprême. Ils ne pouvaient, il est vrai, concevoir que ce cristal ait "déraillé" de lui-même. Mais ils étaient persuadés que, désormais, le seul remède à l'état de catastrophe ambiante touchant tout le pays, était aussi simple que radical : il fallait anéantir le Grand Prêtre et son cristal de malheur sans plus tarder.

Quelques-uns possédaient des vailx, et parmi eux, certains étaient des chimistes et des ingénieurs extrêmement brillants. Ils fabriquèrent de puissants explosifs avec lesquels ils bombarderaient le Grand Temple. Ils s'envolèrent au lever du jour, à une heure où la grande majorité des citadins était encore endormie. Ils partirent et lâchèrent leurs bombes au-dessus du toit du Grand Temple. Mais le résultat dépassa de très loin leurs "espérances". Jamais ils n'auraient dû s'attaquer au Cristal Suprême.

ENGLOUTISSEMENT

Effectivement, il ne resta bientôt plus de ce temple que quelques pans de murs ayant résisté au souffle des explosifs. Le Cristal Suprême n'était pratiquement plus visible, si ce n'est par les derniers mètres qui constituait sa pointe. Il avait sombré dans l'énorme cratère creusé par les explosifs puissants qui avaient été lâchés à son aplomb. Et les gravats l'avaient quasi enseveli.

Leur travail de destruction achevé, les pilotes retournèrent vers leur base. Tous ingénieurs qu'ils étaient, ils avaient omis de considérer que le Cristal Suprême canalisait des énergies colossales. Pour cette raison, il convenait que le cristal restât vertical, en parfait alignement avec le nœud cosmo-tellurique sur lequel il avait été dressé. Mais il était surtout primordial qu'il restât, en tant que conducteur, dans une intégrité et une pureté absolues. Désormais déplacé et déséquilibré, ébréché terriblement en de nombreux endroits, il était devenu une engin de destruction d'une puissance titanesque.

Nos libérateurs n'eurent guère le loisir de se féliciter du travail accompli : la terre commença à trembler. Ces tremblements s'amplifièrent au point qu'un homme ne pouvait rester debout sur ses deux jambes. Les bâtiments alentour vacillaient comme des châteaux de cartes. Des crevasses béantes s'ouvraient, engloutissant tout. Des incendies se déclenchaient ici et là. Les grondements énormes du séisme couvraient le fracas des bâtiments qui s'effondraient. Tout sombrait dans les mugissements, la poussière et le feu de l'apocalypse. Bientôt il ne resterait rien de la fabuleuse capitale atlante...

Amaris et Éponia avaient, dans leur île, ressenti les tremblements du séisme qui secouait Poséidia. Ils s'en étaient particulièrement émus car des membres de leurs familles et nombre d'amis très chers devaient se trouver au cœur du cataclysme. Il fallait leur porter secours sans plus attendre. Amaris couru chercher de l'aide. Quatre compagnons l'eurent bientôt rejoint. Ils s'embarquèrent sans attendre sur son bateau, avec des mallettes de secours et des outils.

Amaris croyait son bateau solide. Il avait, en dépit de cette mer déchaînée, bon espoir d'arriver jusqu'au continent porter secours. Il ne pouvait imaginer qu'une vague monstrueuse, de plusieurs dizaines de mètres de hauteur avait pris naissance. Un mur immense barrait tout l'horizon. Quand ils le virent, Amaris et ses compagnons comprirent qu'ils n'en pouvaient réchapper et regardèrent, pétrifiés, la falaise liquide venant les engloutir. En quelques secondes s'en fut fait d'Amaris et de ses compagnons, qui périrent sans avoir même pensé à sortir de leur corps physique.

Éponia, restée sur île, pouvait mieux prendre la mesure de l'ampleur de la catastrophe. L'île d'Anthéa commença elle aussi à trembler épouvantablement. Éponia eut la vision de son engloutissement prochain. Comme elle aurait aimé qu'Amaris fut resté auprès d'elle ! Peut-être pourrait-il mieux survivre sur les flots que ceux restés sur cette terre qui n'était plus du tout ferme. Avec maîtrise, elle s'assit en tailleur, et commença à visualiser autour d'elle une pyramide de lumière. À peine s'était-elle recueillie que tout commença à s'effondrer alentour dans des incandescences de lave rouge formant un brasier aux vibrations insoutenables. Un volcan s'ouvrait sous l'île dans un mugissement inouï. Dans le même temps les eaux montèrent si vite qu'elles surgirent d'un coup dans la pièce. Éponia n'eut que le temps d'extérioriser de son corps physique par le sommet de son crâne. Elle put voir son corps être balayé et par les flots et sentir bientôt la vie le quitter. Mais, grâce à cette extériorisation volontaire, elle pourrait conserver sa mémoire intacte, et toutes ses facultés spirituelles, prêtes à resurgir à travers les âges au fil des réincarnations.

SAUVÉS DES EAUX

Amaris et Éponia se retrouvèrent... dans d'autres incarnations. Il semblerait, pour des âmes jumelles ayant partagé le bonheur infini d'être réunies, que le temps, l'espace et les circonstances soient bien relatifs. Par la suite ils se retrouvèrent dans de nombreuses vies : au Moyen Orient, en Palestine, en Europe centrale, en France, en Amérique surtout, dans des peuplades indiennes du Nord ou du centre de ce continent, et le plus souvent en tant que couple ou bien au sein de la même famille. Ils se sont à nouveau retrouvés aujourd'hui. Ensemble ils œuvrent pour vous offrir ce livre, reliés à leurs Frères de l'Éther.

Dans cette deuxième époque de l'Atlantide, les relations avec les Éthériens de la 5ième dimension furent peu nombreuses, beaucoup moins qu'elles ne l'avaient été du temps de l'Atlantide antique, qui avait connu nombre de guerres entre les Fils de la Loi de l'Un et ceux que l'on appellera, plus tard, Fils de Belial. Cette première période s'acheva par un déluge universel, auxquels quelques-uns échappèrent, selon un scénario qui ne fut pas exactement celui de Noé ou, tout du moins, pas dans le même type de vaisseau...

Lors du deuxième cataclysme, les vaisseaux de l'Éther intervinrent à nouveau pour sauver de nombreuses personnes. Tous les Atlantes ne périrent pas écrasés, brûlés ou engloutis. Beaucoup furent téléportés dans leurs corps bioplasmiques (ou subtils)*, pour être ensuite transférés au Yucatan, dans les Andes, l'Égypte ou les Pyrénées. Un corps bioplasmique peut prendre, fort heureusement, très peu d'espace : l'entité qui l'habite peut le réduire à la taille d'un petit pois, de quelques grammes seulement. Il n'eut pas été possible sinon, d'emporter tous ces corps de chair bien encombrants[1]. Avant d'être rendues "au plancher des vaches", les entités étaient dotées d'un corps biologique nouveau, exacte réplique de l'ancien, et "habillé" de même. Ainsi, les autochtones du Pérou ou du Yucatan virent-ils débarquer des vaisseaux de lumière des êtres casqués et bottés de tous âges, qu'ils prirent pour des dieux et vénérèrent comme tels. L'Amérique centrale, les Andes et l'Égypte n'auraient pas connu, sinon, le bond fantastique qu'allaient faire leurs civilisations (bond que les historiens ne peuvent rationnellement expliquer selon les conceptions académiques courantes qui, en dépit de leurs évidentes lacunes, sont reconduites de génération en génération...).

1 Certains êtres gardent de ce genre d'aventure une phobie de la "compression", de cette "mise en boîte", et notamment une claustrophobie, certaines fois.

7 – ESSOR D'UNE CIVILISATION EN AMÉRIQUE CENTRALE

L'homme contemporain n'est que le fruit mûr de l'arbre de la race humaine.
Aucun de nous ne sait tout ce que nous savons.
C.G. Jung, *C.G. Jung parle*

LE DÉBARQUEMENT

Nous commençâmes notre approche de la riche contrée que nous avions choisie pour nous implanter. C'était un pays de montagnes de moyenne hauteur, couvert de forêts et de savanes que le cataclysme n'avait pas touché autrefois. Nos recherches y avaient mis en évidence des gisements de minerais de cuivre et d'argent. Quelques tribus y vivaient de la cueillette et de la chasse, sans autre préoccupation que celle de se défendre contre les rares attaques de tribus voisines, suffisamment éloignées pour que chacun puisse couler une vie fort paisible dans son ensemble.

Très vite, le village de huttes se trouva en dessous de l'appareil, qui s'immobilisa à quelques dizaines de mètres. Par le large hublot, nous pouvions voir les indigènes qui couraient, affolés, pour aller se réfugier derrière un arbre ou une hutte, faisant fuir à leur passage des sortes de petites chèvres des montagnes. Ils ne portaient aucun vêtement. Certains, avant de se dissimuler, s'étaient emparés de leur sagaie. Bientôt, le village parut s'être vidé de ses habitants.

Nous n'étions que quelques hommes ayant accepté la mission de nous établir en ce lieu, que je situe dans l'actuel Yucatán. Nous avions tous déjà vécu sur Terre où nous nous étions plusieurs fois incarnés, en tant qu'Atlantes notamment.

Plusieurs groupes, semblables au nôtre, s'étaient constitués volontaires pour jeter les bases d'une nouvelle implantation en différents points du globe. Ceux qui avaient entrepris de coloniser certains territoires de l'Amérique Centrale et des contrées avoisinantes, provenaient tous du même vaisseau-mère.

Nous ne pourrions concevoir la taille gigantesque de cette station de l'espace quand bien même nous prendrions pour référence les plus gros engins construits sur Terre au XXième siècle. Je dirais seulement que des milliers et des milliers d'êtres s'y trouvaient attendant de pouvoir s'établir de nouveau sur la Terre avec un corps physique. Un très grand nombre parmi eux étaient des Atlantes de race blanche. Les Atlantes à la peau sombre – dont les Éthiopiens sont les descendants – avaient, eux, été orientés vers le Moyen-Orient, et notamment l'Égypte. Dans le même temps, d'autres vaisseaux-mère stationnaient au-dessus des hautes montagnes d'Europe ou d'Asie.

Le chef de mission, après avoir recueilli notre assentiment, fit signe aux pilotes de poser l'appareil[1]. Nous descendîmes à cinq sur le sol, vêtus de nos grandes robes blanches serrées à la taille par un ceinturon doté d'une large boucle qui comprenait différents appareils de transmission et d'enregistrement. Nous nous dirigeâmes, d'un pas lent et mesuré, vers le centre du village qui faisait comme une grande place. Avec solennité, nous déposâmes sur l'herbe les présents que nous avions amenés et qui n'étaient autres que de très beaux fruits. Nous nous assîmes en demi-cercle sur le sol en arborant nos plus larges sourires.

1 Cet appareil, dans mon souvenir, pourrait être comparé à un hybride de soucoupe volante et d'avion furtif, aux formes très arrondies, un peu semblable à un œuf doté de rebords formant des ailerons triangulaires de faible amplitude, eux-mêmes arrondis. L'ensemble était de couleur sombre et mate.

De la main, nous invitons les indigènes dissimulés derrière les arbres et qui risquaient un œil pour observer la scène à s'approcher de nous. Bientôt, l'un d'eux commença de s'aventurer, puis un autre, et un autre encore. De ce petit groupe, l'un d'eux se détacha courageusement – avec prudence et hésitation. Ses cheveux et son front étaient enserrés d'une sorte de cordelette végétale. Nous l'encouragions, lui et les quelques autres à la suite, à s'avancer jusqu'à nous. Ce qu'ils firent jusqu'à bientôt nous rejoindre avec grande réserve. L'un de nous se leva et les invita tous à s'asseoir en notre compagnie. Un cercle, ainsi, se constitua. Nous offrîmes nos présents dont les indigènes se saisirent progressivement et avec grande timidité. La première approche semblait bien engagée.

Nous restâmes ainsi quelque temps, sans rien manifester, désireux uniquement que les êtres qui s'étaient approchés puissent ressentir, avec suffisamment d'évidence, que nous n'avions à leur égard aucune hostilité mais, bien au contraire, beaucoup de considération et d'amitié. Notre seul travail intérieur – et silencieux donc – était de leur envoyer des énergies d'amour et de lumière. Nous savions que nous étions accompagnés en cela par tous nos Frères restés dans le vaisseau et qui étaient concernés par l'opération. Ils y furent manifestement tout à fait sensibles car les sourires, bientôt, illuminèrent leurs visages. Ils se tournaient les uns vers les autres en hochant la tête en signe de contentement et de bien-être.

Nous pûmes apprécier qu'ils étaient très réceptifs aux influx mentaux et qu'il nous serait possible de dialoguer télépathiquement avec eux ainsi que nous le faisions communément entre nous. Plus tard, nous utiliserions leur langage après l'avoir appris.

Effectivement, quelques-uns d'entre eux nous captaient facilement et, fort heureusement, celui qui paraissait être le chef était de ceux-là. Un dialogue s'engagea :

– Savez-vous pourquoi nous sommes descendus du ciel pour venir vous voir?
– Non, non...
– Nous serions heureux de vous apporter ce qui vous rendra heureux et qui fera de vous des êtres respectés et puissants.
– Nous sommes respectés... et ne manquons de rien.
– Cependant, quelquefois, vous n'avez pas toujours suffisamment à manger, n'est-ce-pas?
– C'est vrai, mais cela arrive peu souvent! Nous avons seulement un peu moins à manger à certaines périodes quand les jours sont plus courts...
– Nous pourrions vous apprendre à obtenir des fruits à manger, qui sont bons et que vous ne connaissez pas, et cela vous nourrirait pour toutes les époques de l'année. Vous ne manqueriez de rien. Pensez-vous que cela serait bien, pour vous, vos femmes et vos enfants?
– Cela serait bien, oui, cela serait bien!
– Vos habitations sont parfois détruites par le vent violent, les fortes pluies, la foudre et le feu, n'est-ce-pas?
– Cela arrive et nous les reconstruisons avec courage, chaque fois qu'il le faut.
– Nous serions heureux de vous apprendre comment construire des maisons qui ne craignent ni le vent, ni la pluie, ni la foudre, et dans lesquelles les familles seraient à l'abri par tous les temps et tout au long de l'année. Cela serait-il bien pour vous et vos familles?
– Cela serait bien, nous serions plus heureux.
– Et puis, nous pourrions vous montrer, peu à peu, beaucoup d'autres choses qui vous seraient utiles.
– Pourquoi, vous qui êtes des dieux qui venez du ciel, êtes-vous descendus aujourd'hui parmi nous?

– Parce que nous avons vu, de là-haut, que vous étiez courageux et dignes et que, par vos qualités, vous méritiez que nous venions vivre parmi vous. En échange, nous vous apportons ce que nous savons et qui peut vous être utile.

Le chef du village se leva avec prestance. Du geste, il nous indiqua une grande hutte et nous invita à le suivre. Il nous fit entrer en demandant à ses semblables de rester au dehors. La hutte circulaire était assez vaste. La seule particularité qui attira notre attention était que des crânes ornaient son pourtour. C'étaient ceux des défunts chefs. Dans ces crânes les cendres des anciens membres de la tribu, vivant à d'autres époques, étaient renversées. Ces crânes constituaient le trésor le plus grand pour les membres du village. Rien de pire ne pouvait leur arriver que d'être volés par les membres d'une autre tribu. Leur croyance était que les crânes enfermant les cendres des ancêtres constituaient les réceptacles des âmes valeureuses, de leurs vertus et de leurs pouvoirs. Pour cela, ils étaient une protection contre toute adversité. C'est d'ailleurs pour cette raison que d'autres cherchaient quelquefois à s'en emparer.

D'un geste circulaire le chef désigna les crânes. C'était en présence des esprits des ancêtres que nous allions, maintenant, poursuivre notre entretien et que décision serait prise. Nous nous assîmes autour d'un petit feu central que le chef réanima. Dans sa langue, il s'adressa aux ancêtres, leur exposant la situation : des dieux à la peau blanche et aux cheveux clairs étaient descendus du ciel avec leurs casques et leurs robes blanches. Ils avaient dit que ceux de la tribu étaient un bon peuple et qu'ils avaient été choisis pour leurs qualités. Ils leur proposaient de vivre parmi eux pour leur apprendre tout ce qui serait utile et bon pour tous les membres de la communauté. Il demandait aux esprits des ancêtres de lui inspirer la décision la plus sage. Le chef choisit avec soin quelques feuilles et quelques branchages qu'il jeta sur le feu. Il nous indiqua qu'il nous fallait attendre. Ce que nous fîmes dans le plus grand recueillement.

Bientôt l'ensemble fut consumé. Le chef se leva et alla chercher deux des hommes les plus âgés de la tribu qui devaient être ses conseillers. Ils inspectèrent avec soin les cendres et l'orientation des charbons. Aucun symbole maléfique, aucune figure grimaçante : les augures étaient on ne peut plus positifs. Ils se concertèrent rapidement dans leur rude et beau langage aux sonorités mouillées ou claires, mêlées à des intonations profondes et harmonieuses. Les conseillers nous saluèrent et se retirèrent. Nous savions que les points de vue étaient convergents et que nos propositions avaient reçu un accueil favorable. Après avoir gardé quelque temps le silence, c'est effectivement ce que le chef nous signifia avec une expression de gravité empreinte sur le visage. Il préviendrait tous ceux du village. Nous pourrions revenir quand nous voudrions.

LES DIEUX DEVIENNENT DES ENSEIGNANTS

De retour au vaisseau-mère, nous fîmes notre rapport au «commandant en chef»[1]. D'autres équipes étaient également de retour et, tous ensemble, sous la direction de notre Commandant, nous commençâmes à étudier le détail du scénario stratégique de notre implantation.

Nous devions d'abord tirer tous les enseignements des erreurs commises lors des autres implantations, en terre de Mû et en Atlantide notamment. Les premiers constats nous indiquaient clairement que les Terriens, quand bien même ils pouvaient être le fruit d'un métissage avec les Éthériens, n'étaient pas mûrs pour utiliser nos appareils et nos techniques sophistiquées. Nous ne pouvions refaire les erreurs qui se

1 Les Éthériens ne portent pas de nom. Ils sont simplement identifiés, ainsi que tous les autres êtres, en fonction de leur identité vibratoire. Rien ne saurait être plus spécifique et précis. Cela est beaucoup plus direct et simple. Cette identité peut néanmoins être copiée grossièrement par les tenants de l'*ombre*.

solderaient, en toute logique, comme celles que nous avions commises jusqu'alors, en toute bonne foi... et avec la plus grande des générosités.

À ces nouveaux peuples nous ne transmettrions de nos sciences et nos techniques que celles parmi les plus utiles à mener une vie simple, respectueuse de l'esprit manifesté en tous les êtres vivants de chaque règne : minéral, végétal, animal et humain. Nous leur apporterions, comme promis, tout ce qui serait bon à assurer leurs besoins quotidiens dans un minimum de confort et de sécurité. Ces apports seraient progressifs, afin de leur permettre de se dégager peu à peu des seules contraintes liées à la survie du corps physique. Nous leur enseignerions d'abord des notions d'agriculture plus poussées que celles qui étaient les leurs, puis des notions d'élevage pour le lait, la laine et les œufs et, enfin, des notions d'hygiène et de cuisine. Nous leur apporterions ensuite les connaissances techniques permettant de construire des bâtiments en dur, et de se forger des outils. Ils en déduiraient bien assez vite le moyen de confectionner des armes plus performantes et de mieux se protéger d'attaques éventuelles. Nous nous réserverions strictement l'usage des outils puissants, tels les canons à énergie ou les explosifs. Nous ne transmettrions pas les connaissances scientifiques dans lesquelles les Atlantes étaient devenus experts, en physique, en chimie et en électronique, et dont les applications s'étaient soldées deux fois par des cataclysmes d'ampleur planétaire. Seules les notions utiles aux arts des métaux, du tissage, de la céramique et de la construction, leur seraient apprises, par la pratique essentiellement. Et puis, les Atlantes qui se réincarneraient retrouveraient bien assez tôt les mémoires de leurs sciences, de leurs arts et de leurs religions, sans qu'on les y aide. Ils en assumeraient alors l'entière responsabilité...

Et nous fîmes comme décidé, sous la supervision éclairée de notre Commandant bien-aimé. Nous le fîmes avec toute la lenteur et la prudence requises. Fort heureusement, la durée de nos vies sur Terre était alors quatre à cinq fois plus longue que celle des natifs. Mais cette durée avait été réduite : elle était du double dans les temps antédiluviens (sept à huit cents ans), ce qui ne permettait pas de s'intégrer facilement dans la suite des générations locales. Progressivement, elle serait réduite encore, afin que nous devenions semblables aux Terriens d'origine. Pour l'heure, vivre beaucoup plus longtemps qu'eux nous était utile pour établir une nouvelle culture, et jeter les bases d'une nouvelle civilisation.

NAISSANCE D'UNE NOUVELLE CULTURE

Un à un, de nouveaux dieux à la peau claire et aux cheveux blonds, descendus des cieux dans leurs navettes spatiales, se joignirent à nous. Chacun, dans son domaine d'expertise, venait transmettre les connaissances essentielles, à partir de mises en pratique, sur des opérations très concertées et utiles pour la communauté.

Il n'est pas étonnant que les peuples de l'Amérique Moyenne aient accueilli avec déférence et à bras ouverts, les conquistadores qui vinrent, deux millénaires plus tard, les envahir et les massacrer impitoyablement, comme des créatures sans âme, mais disposant de fabuleuses richesses.

D'abord, les indigènes apprirent à organiser leurs activités de façon à anticiper sur leurs besoins à venir, afin de n'être pas pris au dépourvu. Les petites chèvres, à demi-sauvages, furent progressivement domestiquées. Des cultures de céréales et de légumineuses furent entreprises (essentiellement celles du maïs et du haricot). Bientôt, il nous serait possible de mettre en œuvre des chantiers de construction d'habitations et de bâtiments divers, plus solides. Lorsque ceux-ci seraient construits, nous pourrions nous établir sur terre. Pour l'heure, nous retournions vers le vaisseau-mère après le coucher du soleil faire notre rapport journalier, préparer en concertation les actions à venir, puis rejoindre nos appartements privés respectifs où une épouse attendait certains. Fort heureusement le temps n'est pas de la même consistance, ni de la même durée dans la 5ième dimension. Pour prendre une comparaison bien approximative, je pourrais dire que nous travaillions à quart de temps sur la Terre. Cela nous laissait tout loisir de préparer nos missions.

Lorsque nous commençâmes, bien des lustres plus tard, à entailler le flan de la montagne avec nos lasers, leur émerveillement fut à son comble devant tant de puissance, magiquement divine pour eux. Mais ce fut avec une stupéfaction plus grande encore qu'ils nous virent déplacer des blocs de plusieurs tonnes avec de simples cannes à lévitation. Nous devions être deux pour ramener ces blocs des carrières avec toutes les précautions requises, et trois pour les manœuvrer avec précision et les poser aux endroits requis, au millimètre près. Lorsque les carrières furent trop éloignées, nous utilisâmes nos navettes avec leurs rayons attractifs. Bientôt, les constructions s'élevèrent pour former une petite cité où il ferait bon vivre, avec ses artisans, ses commerçants, ses artistes et ses notables, ses paysans établis à sa périphérie.

Lorsque la vie sociale fut correctement organisée, il fut décidé que nous pourrions nous établir dans les demeures que nous nous étions réservées. Nous ne ferions nos rapports que chaque semaine, puisqu'aucune nouveauté importante n'était désormais prévue au programme d'enseignement des peuples autochtones. L'implantation avait pris de très nombreuses années, mais elle s'était, nous semblait-il, correctement déroulée. Cependant, un point capital préoccupait notre Commandant : le fait que nous soyons, tous ceux venus du ciel, assimilés à autant de dieux.

LE CULTE DU SOLEIL

Les habitants de la petite cité nous rendaient les hommages les plus grands, à chaque occasion. Tous ceux qui descendaient du vaisseau-mère étaient adulés, immédiatement et sans réserve.

Nous étions admirés, descendant dans nos engins de forme ovoïde. Ceux-ci ne stationnaient près du sol que le temps de nous déposer, et repartaient très vite pour se dématérialiser en un instant. Cela paraissait magique, ou divin... Le vaisseau quant à lui, stationné dans la 5[ième]dimension, était invisible à leurs yeux de chair. Tout au plus pouvaient-ils en deviner la présence par certains phénomènes lumineux dans le ciel, de chaque côté du soleil : ces parhélies* dont nous avons parlé. Ils auraient pu encore l'identifier par le bourdonnement grave, doux et puissant à la fois, que l'on peut distinguer dans le calme de la nuit, losqu'on se trouve en dessous... dans un très large périmètre, en certaines zones précises.

Notre venue était donc absolument magique, merveilleuse, fantastique. Un culte vint progressivement à nous être rendu. Lorsque nous apparaissions au lever du jour, puis lorsque nous repartions à son coucher, les habitants étaient là, réunis agenouillés, la tête baissée. Un culte s'établissait, une religion n'allait pas tarder à s'organiser avec ses dogmes et ses rituels. Il nous fallait prendre les devants.

En concertation avec notre Commandant, il fut convenu que nous détournerions le culte rendu à nos célestes personnes. Nous le ferions vers l'Être le plus susceptible de le recevoir en tant que représentant de la Conscience Suprême, Source de toute vie. Ce ne pouvait être que vers Celui qui était à l'origine de la Lumière et de toute vie dans la 3ième dimension : le Soleil.

C'est ce que nous entreprîmes d'expliquer et de montrer. Nous demandâmes aux habitants de ne pas se regrouper pour saluer notre arrivée et notre départ, mais pour rendre hommage au lever et au coucher du Soleil. C'était lui qui était divin. Nous, nous n'étions que ses serviteurs. Avec eux, nous ferions désormais le rituel de le saluer, afin de bien montrer qu'il était la véritable divinité. Ainsi naquit la salutation à Inti, l'Être solaire Suprême.

Lorsque la vie sociale fut organisée, de nombreuses célébrations devaient être conduites : pour les naissances, les morts, la formation d'un couple, les solstices et les équinoxes, la venue du printemps, la saison des récoltes, la réalisation des beaux ouvrages... Elles furent toutes placées sous le signe du Soleil. D'ailleurs, dans nos habitations, nous veillions à toujours permettre à ses rayons d'apporter la Lumière. Bientôt, ceux que nous appelons indiens, fabriquèrent des parures dans lesquelles le Soleil pouvait jouer de toutes ses lumières, de toutes ses couleurs. Pour cela, les plumes des oiseaux furent choisies avec prédilection, notamment pour la confection des coiffes et la décoration d'objets rituels. Cette coutume s'enracina si profondément qu'elle est encore très vivante de nos jours chez tous les peuples indiens.

Nous veillions aussi à leur apprendre à respecter toute créature en tant qu'être spirituel. Le moindre animal, la moindre plante, la moindre pierre devait être respectée. S'en emparer pour l'utiliser ne devait être fait qu'après avoir instauré un dialogue avec cet être, lui expliquer nos raisons et lui demander son accord. Chaque action de la vie quotidienne était l'occasion d'une démarche spirituelle. Et lorsqu'il était nécessaire de donner la mort à une entité, quelle qu'elle soit, il était nécessaire de libérer son âme auparavant, afin que celle-ci ne soit ni perdue, ni errante, et afin de n'avoir point de dette karmique envers elle. En parole, ou simplement en intention, il était indiqué à l'entité spirituelle de se séparer de son corps biologique pour rejoindre son origine. Ainsi devaient aussi faire les Indiens, envers des guerriers les ayant attaqués, blessés ou dépouillés. Peu à peu, chez ces peuples avec lesquels nous vivions, une culture de haute spiritualité, inscrite dans le quotidien, se développait. Ce n'était pas le corps physique qui était important, mais l'âme et l'esprit. Il était considéré comme grandement préférable de sauver son âme en sacrifiant son corps, que le contraire[1].

Ainsi, au fil du temps, une culture sociale, économique, technique et spirituelle, se développa dont, enfin, nous n'étions plus l'unique centre d'intérêt. Quoi qu'il en soit, nous demeurions des personnages extraordinairement respectés et écoutés. Mais, toujours, nous veillâmes à ce qu'un être humain, né au sein de la communauté, garde l'autorité sociale et juridique sur celle-ci. Quant à nous, nous ne nous définissions que comme des instructeurs qui leur avaient été envoyés. Et puis, nous laissions entendre dans les conversations menées en leur présence, que nous avions nous-mêmes notre propre chef, qu'un jour peut-être, ils verraient.

QUETZALCOATL, DIEU DE L'AIR

Un jour, notre Commandant décida de venir nous rejoindre sur Terre. Il était désireux de vivre parmi ces êtres qui avaient développé une culture suffisamment réussie pour qu'il y fasse bon vivre. Et puis, en comparaison de la vie, même très confortable et particulièrement organisée du vaisseau-mère, la vie sur la Terre, manifestée dans une profusion de plantes et d'animaux si divers, représentée dans tous les règnes dépendants des différentes dimensions, visibles et invisibles, cette vie terrestre paraissait particulièrement belle et extraordinaire. Dans les rues de notre vaisseau-mère, dans les salles ou les appartements, il n'y avait pas de plante. Quant aux animaux, il ne s'en trouvait que rarement, sinon certains petits animaux familiers, inconnus sur Terre, aux

---

1 Sacrifier, signifiait à l'origine rendre sacré. Une certaine perversion de cet enseignement spirituel s'instaura au fil des âges : le sacrifice fut un acte de pouvoir mis en œuvre par ceux qui se désignèrent comme prêtres, afin d'exercer leur pouvoir. Ce furent des sacrifices d'animaux tout d'abord, puis des sacrifices d'animaux et d'êtres humains conjugués... pour enfin n'être plus qu'humains. Mais nos valeurs culturelles, notamment relatives au corps physique et à sa mort, sont tellement différentes. Nos actes de barbarie m'apparaissent infiniment plus monstrueux dans leurs causes et leurs conséquences.

longs poils blancs, et dont la morphologie tiendrait de l'hermine (ou plus précisément du Bassariscus, inconnu en Europe). Sur les vaisseaux, ils sont considérés comme des êtres indépendants ayant leur propre mode de vie et dont la beauté, la douceur et la gentillesse sont très appréciées.

Ainsi, celui que nous considérions comme un père spirituel aimé et respecté, monta un jour à bord d'une navette qui vint, avec quelques autres, le déposer sur Terre. La simplicité de ses vêtements n'abusa pas les Indiens de la communauté. Ils s'aperçurent bien vite de notre déférence, et de sa qualité. Bientôt, notre commandant trouva la vie sur la Planète Bleue si belle et intéressante, qu'il vint s'installer parmi nous. Et, bien qu'il eut tenu à ce qu'aucune différence ne soit faite avec lui, nous avions tous souhaité que la plus belle demeure lui soit réservée.

Naturellement, et du fait également de son charisme si puissant, notre Commandant acquit un prestige fabuleux parmi les hommes de ces contrées. Un jour, il prit pour épouse une femme de la Terre, tant il s'était senti homme parmi les hommes. Il l'aima profondément. Lorsqu'elle fut trop âgée pour conserver son corps physique, son époux ne resta pas longtemps parmi les hommes. Un jour, après une grande cérémonie d'adieu, il repartit sur une navette, peut-être pour la rejoindre dans la 5ième dimension... J'ai la faiblesse de penser que son mythique souvenir contribua à forger la figure de QUETZALCOATL, le dieu vivant, le dieu de l'air, le connaissant, le serpent à plumes révéré.

CES PEUPLES APPELÉS *INDIENS*

Le lecteur comprendra peut-être, que dans mon cœur et dans mon esprit, le peuple des Indiens soit, dans sa grande diversité, celui qui me soit demeuré le plus cher, le plus grand et le plus beau. Plusieurs fois, avec mon âme jumelle, nous sommes revenus nous réincarner dans une famille amérindienne, jusque et y compris au siècle dernier, quand les Indiens commencèrent à être parqués dans des réserves par des blancs se conduisant comme de véritables barbares envers des êtres qu'ils méprisaient terriblement. Mais la culture et la spiritualité indienne, dans leur diversité et leur unicité, ne peuvent que réapparaître progressivement dans toute leur beauté et dans toute leur grandeur. Nous avons encore tant à apprendre d'eux, en dépit de toutes les dégénérescences, essentiellement apportées par la culture occidentale. La morgue imbécile et méprisante de trop de blancs ne pourra que se dissiper en cette fin des temps d'obscurité, et l'imposture tragique être révélée.

Mais interrogeons-nous encore sur un dernier point avec le lecteur qui s'est sûrement posé cette question : pourquoi les habitants originaires d'Amérique portent-ils le même nom que ceux des Indes? À cause d'une erreur induite par Christophe Colomb? On attribue trop de choses et de découvertes à ce Colomb. Que le lecteur observe attentivement les tissages, les sculptures, les symboles, les ornements portés par ces deux peuples qu'un océan sépare. Aujourd'hui encore, il est parfois difficile de distinguer les meubles dits d'antiquité, hindous ou incas. Quant aux parures toujours fabriquées, elles sont identiques bien souvent, et formées des mêmes pierres ou des mêmes cristaux. Des origines leur sont communes, étonnamment... et la spiritualité de ces peuples, si différents dans leurs caractères ethniques, comporte, semble-t-il, de trop nombreux points communs.

Selon les travaux remarquables du Colonel J. Churchward, ces peuples ont pour origine commune la *Mère-patrie* de Mû. Selon lui, et selon les sources du livre indien, *Le Ramayana*, les Nagas étaient des Mayas venus de Mû en Inde, en passant par la Birmanie : « Ils s'installèrent dans le Deccan et ce comptoir devint par la suite un empire colonial de Mû appelé l'empire Naga »1. Il cite d'ailleurs W. Robertson qui écrit dans sa Dissertation historique sur l'Inde (1794) : «Les Brahmanes, c'est bien connu, empruntèrent leur religion, ainsi que toutes les autres sciences de la civilisation aux Naacals hautement civilisés, qui furent par la suite persécutés avec acharnement.» Les écrits naacals auxquels J. Churchward a puisé, et qui sont précieusement conservés dans un monastère des Indes (celui où se trouve désormais l'ésotériste Yopsip Ibrahim, qui vient de publier *J'ai visité Ganymède* aux éditions Agorma, à Genève, en Suisse). Ces manuscrits indiqueraient que les Mayas s'établirent en Inde il y a 70 000 ans. Et, peut-être, le nahuatl parlé du temps des Mayas était-il déjà le langage des Naacals. Concernant cette langue de l'Amérique précolombienne l'*Encyclopedia Universalis* dit que : «*la langue officielle de la Méso-Amérique précolombienne, le nahuatl, porte déjà dans le terme qui le désigne son ambition et sa définition. Nahualt signifie, en effet, harmonieux, qui rend un bon son, qui flatte l'oreille*». Qu'il me soit permis de proposer, à la suite des hypothèses de J. Churchward selon lesquelles de nombreux peuples d'Amérique, d'Asie et du Moyen-Orient ont pour origine commune la civilisation de Mû – la Mère-patrie – et que ces origines ne sont rien d'autres, à leur véritable source... qu'éthériennes.

Pour conclure ce chapitre, j'aimerais proposer au lecteur une autre citation de J. Churchward, puisée dans son livre Le monde occulte de Mû (p.52-53). Cette citation, étonnante, concerne le Maître Jésus :

> «*Le vieux Rishi m'apprit que les légendes du temps disaient que : Jésus durant son séjour dans un monastère de l'Himalaya, étudia les Écrits inspirés et sacrés, la langue, l'écriture et les forces cosmiques de la Mère-patrie. Le fait que Jésus fut un maître des forces cosmiques est manifeste si l'on étudie le Nouveau Testament. Cependant, aucun de ces livres ne nous dit qu'il comprenait la langue de Mû. Cette preuve nous est pourtant apportée par ses dernières paroles sur la croix :* Eli, Eli, lama sabachtani. *Ce n'est*

pas de l'hébreu, ces mots n'appartiennent à aucune des langues parlées en Asie Mineure au temps de Jésus. C'est la langue de la Mère-patrie, mal prononcée et mal orthographiée par les apôtres dans les Évangiles. Il aurait fallu écrire, et prononcer : Hele, hele, lamat zamac tani.

Traduction : Hele : je m'évanouis, *hele :* je m'évanouis, *Lamat zamac tani :* les ténèbres descendent sur ma figure.»

Puis J. Churchward cite l'érudit Antonio Batres Jaurequi, qui écrit quant à lui : *Les derniers mots de Jésus sur la croix étaient du maya, la plus ancienne des langues connues.*

Tout cela pourrait paraître bien étrange... mais si nous voulons bien, un instant, considérer l'éventualité de ces propositions, nous pourrions déceler, en arrière plan, la même merveilleuse unité d'une haute civilisation prime historique derrière l'infinie diversité des cultures locales de la planète, et tout particulièrement de leurs religions, si différentes du point de vue formel. J'ai la faiblesse de croire que, derrière tout cela, nous retrouvons ceux qui nous viennent – et demeurent toujours en vigilance aiguë – de la 5ième dimension, et avec lesquels j'ai l'inestimable bonheur de rester en relation.

Mais entrons maintenant en des temps dont les hommes ont pu conserver la mémoire, car ils en gardent de nombreuses traces. Commençons, en bonne chronologie, par l'ancienne de Babylone.

8 – AUX TEMPS ANCIENS DE LA KA

Et sait-il, en fin de compte,
lui l'homme isolé en son particulier,
qu'il est le fléau qui fera incliner la balance
de tel ou tel côté ?
C.G. Jung, *Présent et avenir*

Vint, pour mon âme jumelle et moi-même, le temps où il nous apparut désirable de nous incarner dans une famille vivant sur Terre. D'ailleurs, n'était-il pas considéré d'après la religion du Dieu Mardouk de la Mésopotamie ancienne, que l'homme est sur terre : "pour faire habiter les dieux dans une demeure qui réjouisse le coeur"... Mais en ces temps anciens, il était facile de s'autoproclamer Dieu : il suffisait d'avoir à son service quelques troupes bien aguerries.

Après les cataclysmes qu'avait vécus notre Planète Bleue, un important berceau de civilisation s'était développé dans ces contrées, ensemencé par des colonies de Mû, puis d'Atlantide. Des hommes, disait-on, étaient venus des Indes : des Dravidiens peut-être. Leurs descendants devinrent les Sumériens, puis les Akkadiens qui s'affrontèrent plus tard aux Sémites... Ces ensemencements donnèrent d'ailleurs, en dépit de leurs origines éthériennes communes (de leur "tronc commun") des branches culturelles aux aspirations religieuses et politiques bien différentes qui cherchèrent bientôt à dominer le Moyen-Orient et, pourquoi pas, le monde – selon la représentation que les dirigeants s'en faisaient à l'époque.

Cette volonté de domination et de prééminence d'une culture, ou d'un peuple sur un autre, a agité le Moyen-Orient depuis des temps immémoriaux. À l'évidence les Éthériens tenants de l'*ombre* y ont beaucoup sévi... pour combattre les œuvres des Serviteurs de la Lumière qui furent immenses en ces contrées. D'ailleurs, il est remarquable que cette région du globe ait constitué le creuset des trois grandes religions monothéistes : hébraïque, chrétienne et musulmane, qui, chacune, mêlèrent (et continuent de mêler) l'*ombre* la plus épaisse à la Lumière la plus sublime.

Or, sur les rives de l'Euphrate, se développait une cité royale. Les forces de l'*ombre* avaient commencé d'y combattre celles de la Lumière et venaient d'y remporter d'inquiétantes victoires. Il devenait urgent d'intervenir et des volontaires étaient demandés. Cette fois, nous ne descendrions pas sur Terre dans nos vaisseaux de lumière mais viendrions, mon âme jumelle et moi-même, nous incarner grâce à un père et à une mère de chair et de sang. D'ailleurs, ce n'est qu'à la faveur de cette mission venant servir un karma collectif engageant ceux de la Lumière envers ceux de l'*ombre*, qu'il me serait peut-être offert la possibilité de régler un karma personnel. Celui-ci concernait notamment une personne de la Planète Dorée, parmi les trois qui, rappellez-vous, n'avaient point voulu revenir du pays des serviteurs de l'*ombre*. Mais l'incarnation dans un corps de chair nous permettrait-elle de bien nous souvenir du sens et des enjeux de cette nouvelle mission à entreprendre, et saurions-nous être à la hauteur des situations inconnues qui se présenteraient à mon âme jumelle et moi? L'aventure devait être tentée, d'autant que l'engagement et le service pour une cause collective sont souvent l'occasion de résoudre des problèmes plus personnels.

DEUX ADOLESCENTS

Addou et Méloush étaient deux frères, de quatorze et seize ans. Leur père était un homme doux et tolérant, "haut fonctionnaire" de son état. Sa famille coulait une vie paisible dans une grande demeure à l'écart de la ville de LA KA, la "ville du soleil", ou "ville de Dieu", et qui devint plus tard la grande Bab-Ili, : "la porte de Dieu" (en hébreu "Bab El"), c'est-à-dire celle que l'on connaît sous le nom de Babylone. Ce père avait tenu à mettre sa chère famille à l'abri des remous de la cour et des menées inquiétantes de ses "généraux" et de ses prêtres.

Quelques années auparavant, le souverain en titre qui avait voulu exercer son pouvoir avec justice et équité, avait été assassiné dans des conditions obscures. Son fils, qui était un très jeune homme, l'avait remplacé sur le trône. Ce dernier était encore ignorant de toutes les arcanes de la cour, son père n'ayant pas eu le temps de lui en démonter les rouages, ni de le mettre en garde. Généraux et prêtres, avides de pouvoirs et de possessions, étaient heureux que ce nouveau souverain fut dans un âge encore plein d'illusion : ils pensaient pouvoir l'abuser facilement.

Souvent, ils avaient entendu leur père s'entretenir avec leur mère et certains de leurs amis d'une mine immense exploitée par des enfants captifs, qui en étaient la seule main d'oeuvre[1]. Des choses inquiétantes se disaient, et qui préoccupaient beaucoup leur père qui était une sorte d'intendant au palais du roi.

Avec l'autorisation de leur père, nos deux adolescents, qui étaient de bons cavaliers, partirent vers cette mine escortés de deux serviteurs qui connaissaient le chemin. Ces derniers avaient pour charge de faire connaître la qualité des deux jeunes gens en montrant une tablette portant le sceau royal et faisant office de sauf-conduit, en tous lieux du royaume.

1 Ces enfants étaient-ils déjà des hébreux? Sous le règne de Nabuchodonosor, qui prit Jérusalem en 597 av. J.C., une première vague de déportation s'effectua à Babylone. Lors de la deuxième prise de Jérusalem, en 587 av. J.C., ce fut la fin du royaume de Juda... et le commencement de la diaspora, avec des déportations massives vers la même Babylone !

LA MINE DE L'ENFER

Un groupe de soldats en armes avait établi son campement à l'entrée de la mine. Le sauf-conduit présenté permit, sans difficulté, d'obtenir l'autorisation de visite. Un soldat, après instructions de son supérieur hiérarchique, fut détaché pour accompagner les adolescents, mais sans leurs serviteurs. Ceux-ci avaient consigne d'attendre leur retour aux abords du campement.

Par de larges couloirs, les enfants suivirent leur guide. Ils passèrent à proximité d'une vaste salle où brûlaient de grandes torches. De hautes et sombres sculptures s'y laissaient deviner dans la pénombre. Le soldat repoussa la demande de visite des enfants en donnant pour raison que c'était un lieu de culte fort ancien, devenu sans intérêt. Ils arrivèrent enfin aux galeries d'extraction du minerai. Ce qu'ils virent les bouleversa.

Des enfants de tous âges, entre six et quinze ans se tenaient là, vêtus de loques. Ils travaillaient durement sous la surveillance d'un soldat. Les plus grands creusaient la paroi pour en extraire des blocs que les plus petits, garçons ou filles, chargeaient dans des paniers d'osier. Ces paniers étaient traînés tant bien que mal jusqu'aux endroits où leurs contenus étaient vidés sur de grands tas. De là, d'autres compagnons d'infortune chargeaient les bats portés par des ânes que des soldats conduisaient. Seuls, ces derniers étaient autorisés à les emmener à l'extérieur.

Ce qui les bouleversa le plus ne fut pas tant ces enfants traités en esclaves. Ils étaient, selon les explications du soldat, des captifs à qui on avait bien voulu laisser la vie, tous fils ou filles d'un peuple qui avait tenté d'envahir le pays et qui avait été décimé grâce au Général et à son armée. Ce qui les bouleversa profondément était le regard des enfants, complètement vide et hébété. Ces pauvres créatures agissaient comme des morts vivants, sans expression, sans parole, tels des zombies à qui on aurait retiré toute volonté ou désir personnel. Le spectacle était atterrant pour nos deux adolescents plein de vie et de curiosité. Addou et Méloush essayèrent bien de nouer conversation : c'est à peine si les enfants à qui ils s'adressèrent les regardèrent, sans répondre. Comment était-ce possible ?

Les deux adolescents repartirent avec, au cœur, un lourd sentiment où se mélangeaient confusément l'incompréhension, la compassion, la colère et la révolte : tout cela n'était pas possible, tout cela n'était pas acceptable. Il n'était pas concevable de laisser ces êtres dans un tel dénuement et dans des conditions de vie si horribles. Et d'abord, il fallait tirer tout cela au clair, sans plus attendre.

JEUNES ESPIONS EN ACTION

Ils quittèrent le camp militaire, en remerciant pour la faveur qui leur avait été accordée. Dès qu'ils furent hors de vue, ils s'arrêtèrent pour se concerter.

Leur décision fut vite prise : puisqu'ils avaient quelques provisions de bouche, ils retourneraient près de la mine, discrètement, et essayeraient de pénétrer à l'intérieur sans être vus par les soldats. De là, ils observeraient ce qui se passait avec ces enfants, et chercheraient à comprendre pour quelles raisons ils étaient dans cet état misérable et inquiétant. Les serviteurs tiendraient prêts les chevaux et les attendraient toute la nuit s'il le fallait.

À l'écart du camp, les garçons découvrirent dans la falaise bordant la mine un orifice assez large et facilement accessible. Des oiseaux y rentraient et en sortaient sans ralentir leur vol. L'espace, au-delà, devait donc être assez vaste. Peut-être donnait-il sur une galerie ou une salle. Si cette ouverture se révélait sans accès possible dans la mine, ils essayeraient de tromper la vigilance des soldats. Une heure viendrait bien où le soldat de garde s'assoupirait.

L'orifice donnait bien accès à une galerie. Assez facilement ils parvinrent jusqu'aux galeries d'extraction où ils attendirent, dissimulés dans une anfractuosité de roche. Bientôt, le soldat de surveillance donna aux enfants captifs ordre de cesser leur travail et de se rassembler. Les enfants furent conduits vers la grande salle obscure qu'Addou et Méloush n'avaient pu visiter. Dissimulés dans la pénombre, derrière les larges piliers de soutènement, ils observèrent ce qui se passait.

Deux soldats distribuèrent des bols de nourriture aux enfants. Cela donna faim à Addou et Méloush qui en profitèrent pour manger les dattes qu'ils avaient amenées. Rien de particulier ne se produisait. Un soldat donna ordre aux enfants de dormir maintenant. Sans un mot, les pauvres captifs se retirèrent dans un coin de la grande salle, et s'allongèrent pour la nuit. Les soldats partirent tous. Addou et Méloush décidèrent, dès que tout serait calme, d'aller leur parler et, si un soldat venait, il ne pourrait les distinguer, mélangés aux autres enfants.

Hélas, ils ne purent mener de conversation cohérente avec aucun des enfants qui restaient éveillés. Ces derniers semblaient à peine les comprendre et ne répondaient que par des phrases décousues et incohérentes. Très certainement ils étaient rompus de fatigue, mais comment pouvaient-ils être hébétés à ce point, incapables de formuler une phrase correctement ? Il fallait percer ce mystère et, pour cela, revenir avant le lever du jour.

Cette nuit-là, couchés à même le sol, Méloush et Addou eurent bien du mal à se reposer quelques heures. Tant de questions se pressaient dans leurs têtes, tant de choses devaient être éclaircies : l'état des enfants, leur provenance, ces sombres statues qui se dressaient, effrayantes, dans la grande salle... Le serviteur les prévint que le jour allait se lever. Après s'être passé de l'eau sur le visage et avoir pris quelques rasades aux gourdes qui avaient été amenées, ils s'élancèrent de nouveau.

Ils n'eurent pas à attendre très longtemps. Un soldat vint, en criant des injures, réveiller les enfants, pendant qu'un autre allumait les grandes torchères qui s'étaient éteintes au cours de la nuit. À la grande surprise des garçons certains enfants se saluèrent. Quelques-uns même échangèrent discrètement quelques propos entre eux et semblaient parfaitement se comprendre. Ainsi, tous n'étaient pas complètement abrutis ! À moins que le sommeil ne leur ait permis de recouvrer leurs esprits ?

À voix basse, Addou et Méloush partageaient leurs observations et leurs étonnements quand, tout à coup, le soldat se redressa dans une attitude de déférence. Deux prêtres apparurent, aux robes brunes et aux coiffes de cuir repoussé, si caractéristiques. Ils apportaient de grandes gourdes qu'ils remirent aux soldats, puis s'éloignèrent. Les soldats distribuèrent aux enfants le contenu de ces gourdes dans des calebasses. Quelques minutes ne s'étaient pas écoulées que l'attitude des enfants se modifia profondément. Un à un, les visages prirent les signes d'un état de profonde hébétude. À n'en pas douter de la drogue avait été mise dans la boisson...

Mais nos jeunes espions n'étaient pas revenus de leur étonnement que, tout à coup, une voix sépulcrale emplit l'espace. Cette voix terrifiante sortait de la bouche de la plus haute et colossale statue qui paraissait tout en or. De ses yeux jaillirent des flammes et des fumées. Tous se tenaient là, pétrifiés devant ce spectacle. Cette voix parlait du Dieu qu'elle était, et qu'il fallait craindre et révérer. Son exigence était simple et terrible : les enfants devaient le servir, c'était sa volonté, sinon ils mourraient dans des souffrances atroces. Les soldats entraînèrent avec brutalité les enfants vers les galeries où ils reprirent leur épuisante besogne.

Addou et Méloush en savaient assez. Ils ressortirent bien vite, pour remonter sur leurs chevaux et s'éloigner sans attendre, accompagnés de leurs serviteurs.

QUAND LA LUMIÈRE VEUT DÉJOUER L'*OMBRE*

De retour chez eux, les adolescents n'eurent de cesse de faire partager leurs découvertes à leur père. Quand celui-ci revint du palais il fut assailli par ses enfants qui lui racontèrent tout.

À leur grand étonnement leur père ne parut pas surpris outre mesure. Les enfants se récrièrent : il avait eu connaissance de ces choses honteuses et n'en disait rien ! Mais ils furent bientôt rassurés. Leur père avait vaguement entendu parler d'actions entreprises par certains soldats, en dehors des missions qui leur avaient été confiées. Et puis, il connaissait ce général qu'il soupçonnait fort d'avoir fait assassiner le précédent roi. Cela avait eu pour effet de mettre sur le trône son fils, à peine sorti de l'enfance. Leur père connaissait la personnalité dure, intransigeante, soupçonneuse et avide de pouvoirs et de richesses qui était, selon lui, celle du Général des Armées du Roi. D'ailleurs, ce dernier avait su se gagner les faveurs des prêtres qui, eux aussi, attendaient de lui d'accroître leurs pouvoirs et leurs richesses en retour. Des bruits avaient couru au palais parmi les nombreux serviteurs dont certains étaient manifestement trop bien habillés en regard de leurs soldes. L'ancien Roi, ayant eu vent de ces rumeurs, avait cherché à faire parler ses serviteurs. C'est alors qu'il fut assassiné lors d'un de ses voyages dans le pays. Cet assassinat fut mis sur le compte de brigands, rebelles au souverain.

Le père d'Addou et Méloush promit d'informer le jeune Roi de tous ces soupçons. Les garçons furent bientôt convoqués au Palais. Le Roi, après les salutations d'usage, les invita à le suivre pour visiter ses jardins et ses écuries, sous le prétexte qu'il savait que les enfants de l'Intendant du Palais étaient de bons cavaliers. Ainsi, seuls avec les garçons à peine plus jeunes que lui, dans les allées d'un merveilleux jardin, le Roi écouta leur récit très détaillé. Une colère retenue brillait dans ses yeux noirs. Il lui faudrait faire un long galop pour l'apaiser et remettre de l'ordre dans son cœur et ses idées. Il fit donner deux magnifiques chevaux aux garçons et tous trois partirent sur leurs coursiers comme des amis qu'ils étaient devenus.

Avec une maîtrise et une autorité qui surprit quelque peu son entourage, le jeune Roi fit convoquer à quelques jours de là le Général des Armées afin que celui-ci s'explique à propos de cette mine. Cette mine où des enfants étaient captifs et tenus en esclavage, sans que lui, le Roi, n'en ait jamais rien su.

Le Général, par un discours habile, expliqua comment ces captifs étaient là, recueillis après avoir survécu à une guerre terrible qui avait été gagnée avant que le jeune Roi n'accéda au trône. Il plaida que c'était charité de leur permettre de vivre ainsi, car leur travail compensait les frais de leur nourriture et de leur garde, ainsi que le coût terrible qui avait été celui de la précédente grande guerre. Cela avait été fait pour qu'il en coûta moins au royaume. Le Roi demanda que des comptes précis lui soient rendus au plus tôt. Le Général allait se retirer quand le Roi s'inquiéta, auprès de lui, de savoir comment les enfants étaient traités. Le chef des Armées assura qu'ils étaient traités comme il convenait. Le Roi l'accusa alors de félonie et de mensonge, et nous fit venir pour une confrontation.

Devant le Général, nous fîmes notre récit. Son état de rage intérieure allait croissant et la haine brillait dans ses yeux avec une intensité rare. Le Roi fit les reproches les plus durs à son Général et promit de faire une enquête approfondie. Il demanda au Général de se tenir à sa disposition, après l'avoir suspendu de toutes ses fonctions, jusqu'à plus ample informé. Le Général se retira, livide de rage, en jetant des regards furieux à Addou et Méloush. Ainsi, des adolescents s'avisaient de lui porter atteinte et de mettre en péril tout un système d'enrichissement et de corruption qui avait jusqu'à là fonctionné parfaitement, et qu'il avait fallu tant d'années pour mettre sur pied ! On ne le revit plus au Palais. Il sembla s'être évaporé dans la nature...

Le jeune Roi, sans attendre, fit nommer un nouveau Général qu'il savait être un homme dévoué et sûr, et qui serait respecté des soldats. Il lui fit constituer une Garde d'élite et réorganiser les armées. Le grand échanson déjoua une tentative d'empoisonnement de son souverain. Une sorte d'état d'urgence fut déclaré. Là encore le jeune Roi sut agir avec discernement et prévoyance. Son ancien Général avait en effet, avec l'aide de certains prêtres, constitué des groupes armés d'hommes qu'il dressa contre le jeune souverain, en le désignant comme la source des plus grands malheurs survenant dans le royaume, ou allant survenir.

L'Intendant du Palais avait eu la sagesse d'envoyer sa famille se mettre à l'abri, dans la montagne. Addou et Méloush restèrent ainsi à l'écart des graves troubles qui éclatèrent. De durs combats eurent lieu entre les troupes fidèles au Roi et les groupes dissidents. Les semaines passèrent, mais le jeune Roi conserva toujours son trône.

Or, il advint un jour que l'ancien Général commît l'erreur de vouloir s'adresser à certains rebelles qui ne l'avaient jamais vu en tant que leur chef. Un homme cria qu'il était Général du Roi, et lança son javelot. D'un coup, il expédia le misérable dans l'autre monde. Les troubles bientôt cessèrent, les rebelles ayant perdu celui qui organisait et dirigeait leurs actions subversives. Le Roi fit procéder à une grande remise en ordre parmi les rangs des dignitaires du palais et parmi ceux des prêtres. Il le fit avec un discernement et une autorité qui furent admirés de tous ceux qui le servaient. Il fit venir au Palais Addou et Méloush dont il s'était pris d'amitié et qui lui étaient apparus comme de futurs hommes pleins de promesse, dignes de servir le royaume. Du fait de leur attachement au jeune souverain, les garçons prirent vraiment goût à la vie de la cour royale.

Le pays tout entier engagea une ère de paix et de prospérité, qui n'avait jamais été connue jusque-là. Nombre de guerres et de troubles sporadiques qui se déclenchaient fréquemment à travers le pays, cessèrent. Il était devenu clair pour tous que ces troubles et que ces guerres avaient été fomentés, ou provoqués, par l'ancien Général. Celui-ci, en effet, avait établi un vaste système de "racket" à travers tout le pays. La protection de l'armée était acquise à ceux qui versaient les sommes demandées ou les compensaient en nature. Les troubles et les combats qui avaient cours jusque-là n'avaient d'autres origines. Cela convenait d'ailleurs fort bien au Général qui alors, doté de troupes aguerries et nombreuses, saisissait le prétexte pour anéantir les villages, piller les richesses et ramener les enfants et les adolescents en captivité. Il distribuait après, avec largesse, tout ce qui lui permettait de s'attacher ceux qui lui étaient utiles.

Addou et Méloush devinrent des grands du royaume. Ils ne s'étaient pas incarnés inutilement pour mener à bien la mission qui leur avait été confiée depuis la 5ième dimension. Et puis cela leur serait précieux dans les vies à venir où ils poursuivraient leur combat contre les forces de l'*ombre*, leurs déités, prêtres et servants si nombreux. Plus de lumière, de justice et de paix commençait de régner dans ce pays du Moyen-Orient, si important pour l'avenir de l'Occident.

Hélas ! des dieux obscurs y étaient toujours adulés. L'*ombre* ne désemparait pas, quand bien même ceux qui la servaient ostensiblement avaient été mis à genoux. Nos adolescents savaient qu'il n'est pas suffisant de nier l'*ombre* pour la vaincre, bien au contraire : on ne peut plus lutter contre quelque chose que l'on nie, et cette chose va bientôt puiser toute sa vitalité dans la force de notre déni. Or, ils avaient subconsciemment reconnu dans le faciès terrifiant de la statue qui se dressait dans la mine, les traits de l'être qui avait voulu dominer la Planète Dorée. Ainsi, le même scénario continuait à se répéter en différentes contrées et en différentes époques. Le constat était bien affligeant !

LES FORCES DES TÉNÈBRES

Avaient-ils compris que la puissance des forces de l'*ombre* est alimentée par l'*ombre* qui est en nous-mêmes et qui correspond à tout ce que nous désirons refouler et que nous craignons de confronter, qui nous gêne, nous culpabilise ou nous effraie, et qui bientôt nous obnubile ? Peut-être. Quoi qu'il en soit, lorsque cela se produit, nous permettons alors à ces forces de prendre de plus en plus d'ampleur, car nous les nourrissons nous-mêmes de notre propre substance. Ces forces ne sont rien d'autres que des vampires allant bientôt se regrouper en égrégores monstrueuses, avides d'accroître le nombre de leurs servants...

Aussi est-il nécessaire de ne pas chercher à les ignorer ou à nous les cacher, mais bien à les reconnaître... comme des choses misérables qu'elles sont, en les ramenant à leur mesure véritable : la dérision, le subterfuge, la magouille, le mensonge, la corruption, le travestissement, l'ignorance, l'orgueil imbécile (dont font montre, au même titre, tant de nos élus contemporains)... Toutes choses sinistres et préjudiciables ne correspondent, sur le fond, qu'à une fort minable baudruche, si nous y regardons de plus près. Car enfin ! sachons reconnaître les manifestations de l'*ombre* pour ce qu'elles sont vraiment : des pauvretés qui ne se nourrissent que de misère, de pourriture, d'ignorance et de peur.

Hélas ! cette baudruche (n'en déplaise aux pronucléaires) peut vouloir se grossir des terribles pouvoirs de l'atome et des peurs qu'ils engendrent. On voudrait poursuivre des essais atomiques pour accréditer un système de dissuasion nucléaire ! Contre quelles *ombres* hantant les esprits ? Cette baudruche a pris des dimensions tellement monstrueuses que, au moment où j'écris, et selon les derniers calculs des experts du CNRS, la quantité de matière fissile existante dans le monde correspond à 100 kg de TNT par habitant de notre planète... Charmant oreiller pour dormir en paix ! Qui gagnera, si tout cela explose ? QUI ? Celle qui est opérante dans toute menace d'explosion nucléaire, celle dont le chiffre est 666, celle qui est la bien nommée et qui n'est autre que la Bête. Celle-ci est désormais littéralement incarnée dans le nucléaire militaire, comme elle l'est dans les médias proliférants.

Mais on ne sait pas ce que l'on peut déchaîner d'*ombre* dans les cœurs et dans les esprits, lorsque l'on veut "jouer" avec tout cela, en ordonnant des mesures "à coups de menton volontaire". Notre planète n'est qu'un si petit jardin ! Veut-on que les épines y prolifèrent et viennent, avec les orties, envahir nos chemins de promenade, étouffer les massifs de fleurs et chasser progressivement la lumière pour faire place à l'*ombre* ? On ne devrait jamais laisser jouer les enfants avec des allumettes, lorsque tout le monde a peur qu'advienne un brasier définitif...

Les anciens dieux ténébreux de la vieille Babylone ne sont pas morts. Nous les avons vus à l'œuvre lors de la guerre du Golfe. Ces dieux de l'*ombre* apportent toujours des cadeaux à leurs servants. Aujourd'hui, comme hier, ils viennent vers nous les bras chargés de présents... qui ne sont autres que ceux qu'ils ont toujours été : des bombes semant la destruction, la mort et l'aliénation. Ces bombes se nourrissent d'abord du plus abondant des matériaux : l'imaginaire des hommes et sa terrible avidité pour le pouvoir, la domination et... le spectaculaire.

Regardons autour de nous comment tout cela tend à se développer. Et sachons reconnaître derrière les promesses de terreur, le dérisoire dans toutes ses œuvres. Sachons le reconnaître et le désigner au vu et au su de tout le monde, en tant que tel! Alors se dégonflera sa grimaçante baudruche, et l'*ombre* retournera se tapir dans les recoins, attendant que nos culpabilités, nos angoisses et nos peurs lui viennent servir soupe délectable et si nourrissante pour elle.

Sans doute ne faudra-t-il pas beaucoup d'années pour que tout cela soit mis en lumière. De plus en plus, et fort heureusement, ceux à qui l'on octroyait tous les crédits en même temps que les pouvoirs, doivent rendre des comptes sur les entreprises de corruption, à petite ou grande échelle, qu'ils ont mises en œuvre. Un à un "les murs de Berlin", que des régimes d'aliénation et d'appauvrissement ont voulu dresser pour mieux dissimuler leurs exactions, s'effondrent. L'*ombre*, dans l'énormité de sa pauvreté, recule. Ceux qui persistent à vouloir faire le choix de la servir devront bientôt en tirer les terribles conséquences pour leurs âmes et leurs esprits auxquels, dans leur ignorance autocomplaisante, ils ne croient pas. Peu importe, il leur restera l'éternité pour le découvrir ; à moins qu'ils ne soient destinés à la "refonte"...

Ainsi, pouvez-vous constater combien mon karma fut agissant en ces temps de Babylone... et le demeure aujourd'hui même sous ma plume ! ... Mais je dois, à ce point de notre cheminement[1], lui faire une dernière confidence dont je crois qu'elle est très susceptible d'éclairer les mécanismes du karma*.

VOUS AVEZ DIT KARMA ?

Oui ! Mais je serai bref, rassurez-vous.

Dans la première partie de cet ouvrage, j'avais indiqué que mon intention de sortir mes amis des griffes du seigneur de l'*ombre*, avait généré pour moi un karma qui me poursuivrait tout au long de mes vies... jusqu'à ce que j'en prenne claire conscience, en ces temps crépusculaires du XXième siècle. L'un des ressorts de ce karma personnel n'est autre que l'intention de ramener à la Lumière ceux qui s'en étaient éloignés, en essayant de les sauver de l'*ombre* et de son destin terrifiant. Or, ce karma peut être agissant au-delà des mil-

1 Ce cheminement est celui de ce que je nomme une ontoanalyse*.

lénaires, car... le Général que nous avions démasqué dans les temps de Babylone était non seulement l'un de ces anciens amis qui furent séduits par les serviteurs de l'*ombre* du temps de la Planète Dorée, mais aussi quelqu'un avec lequel, par la suite, en d'autres dimensions et en d'autres lieux que notre planète Terre, j'avais déjà eu durement "maille à partir". Nos existences ne s'étaient plus recroisées, depuis Babylone, et jusqu'à cette dernière vie... où, décidément bien obstiné et crédule, je le choisis comme... père. Mais oui, vous avez bien lu : comme père[1] ! (on est fidèle en amitié ou on ne l'est pas). Ce choix, assez aberrant au premier abord, étant toujours sous-tendu par l'intention, décidément karmique, de tenter de l'aider à revenir vers la Lumière avant la grande mutation de la Planète Bleue... Quel choix étonnant (et peut-être détonnant), direz-vous! Cela est certain. Mais ainsi va le Karma, quand on persiste à croire que l'on peut changer les êtres en dépit de leurs choix profonds, et les tirer de l'*ombre* contre leur gré.

Aussi, cher lecteur, retenons l'enseignement que nous ne pouvons jamais changer les êtres par nous-mêmes. Cela s'appelle utopie. Regardons et discernons ce qu'ils font. Faisons en sorte que leurs actions soient mises en Lumière. Et laissons celle-ci faire son œuvre... Las ! dans les cœurs emplis d'*ombre*, la Lumière ne fait pas facilement son chemin. Alors, laissons la Conscience Suprême prendre toute mesure utile pour mettre en œuvre une procédure d'accomplissement. Le karma est l'une de celle là, parmi les plus puissantes dans sa logique implacable : toujours nous aurons à expérimenter les conséquences de nos intentions, de nos pensées, de nos désirs, de nos paroles, de nos actions et de nos lâchetés. Mais rappelons-nous toujours que le karma collectif prédomine sur le karma individuel car, pour un Éthérien, le

---

1 Sigmund Freud, si attaché à l'analyse des relations parentales, comprises dans une perspective "historique" restreinte à cette seule vie... devrait, lui et ses coreligionnaires, se retourner dans sa tombe à l'exposé de telles données anamnésiques "hors le temps et l'espace"...

règlement de ce dernier passera toujours après celui qui concerne et implique le plus grand nombre. Les missions assumées permettront, de surcroît, de régler un karma personnel.

*

* *

Les épisodes de la vie qui m'ont été donnés d'explorer et que je vais maintenant vous présenter, furent recherchés dans les annales akashiques pour leurs aspects exemplaires, avec le concours du Gardien des Mémoires. Ils nous montreront combien les logiques karmiques sont à la fois puissantes, subtiles et délicates. Puissantes par les dispositions qu'elles suscitent dans un être, à œuvrer dans un sens plutôt que dans un autre, subtiles et délicates par les conditions qui concourront à leur mise en œuvre et à leur maintien. Nous pourrons, dans le chapitre à venir, comprendre comment un être d'origine éthérienne, prenant mission de servir la Lumière contre les menées de ceux de l'*ombre*, échouera en partie à mener celle-ci à bien. Nous verrons que la cause en sera son refus karmique de toute violence, associé au statut particulier de sa persona* qui ne lui permit pas de se mettre à la place de ceux qui enduraient des souffrances qu'il préférait laisser "dans l'*ombre*". Mais l'*ombre*, même en partie dévoilée, n'est toujours pas la Lumière, ainsi que me le rappelle le Gardien des Mémoires de l'Éther. Cette non confrontation entraînera notre personnage dans des errances que nous allons maintenant découvrir.

9 – LE PHARAON ÉGARÉ

Tous ont des certitudes, moi seul reste dans l'obscurité!
Lao Tseu

Combien de respectabilité et d'apparente moralité
cachent là derrière, à l'abri de cette draperie trompeuse,
un monde d'obscurités intérieures
qui possèdent un tout autre visage.
C.G. Jung, *Ma vie*

PHARAON, EMPÊCHONS LES MASSACRES !

Le messager fidèle était prosterné devant le trône de Pharaon. Le front contre le sol, les bras tendus devant lui, il ne se relevait pas. Cela interrogea Pharaon qui n'avait pas habitué ses sujets à marquer leur déférence de façon si ostensible. Que pouvait-il avoir à lui dire, pour se mette dans un tel état? Pharaon le pria de se relever et de délivrer le message dont il était le porteur.

Le messager ne redressa pas la tête immédiatement. Ce qu'il a à dire doit lui peser lourdement, pensa Pharaon. Enfin, le messager se releva en tenant la tête baissée, gardant toujours le silence.

- Vas-tu parler enfin ? demanda Pharaon.
- Je redoute de porter à ta connaissance les faits dont je dois t'informer.
- Parle sans crainte. Tu sais que je t'estime et que je tiens à régner avec bonté.
- C'est bien pour cela que je suis malheureux d'avoir à te parler, car tu n'aimeras pas ce que j'ai à te dire.
- Cela seul me regarde ! Je ne demande de ta part que la seule vérité.

– La voici Pharaon : des bandes de pillards commettent les pires exactions dans les contrées du nord-est. Ils pillent, mais aussi massacrent sans pitié. Les villages sont détruits. Les carnages commis sont horribles. Ils n'épargnent ni femmes, ni enfants. Ils violent les femmes ou les emmènent. Ils tuent les enfants. Pas un seul homme ne peut en réchapper. Ceux qui voudraient s'enfuir sont pourchassés sans pitié et exterminés.

– Tu sais mon aversion pour la violence ! Et puis que viens-tu m'ennuyer, ces faits ne sont pas nouveaux !

– Je sais tout cela Pharaon. Mais ces bandes armées qui pillent, violent et tuent, sont de plus en plus nombreuses et organisées. Nos informateurs craignent qu'ils ne cherchent à envahir vraiment le Nord du pays et ne s'en emparent pour de bon. Sur ton ordre, l'armée n'intervient pas. Tous attendent que tu reviennes sur cet ordre pour intervenir, garantir à tes sujets une suffisante sécurité et restituer à l'Égypte une image plus digne d'elle.

Pharaon se leva, manifestement consterné. Après un court silence, il dit d'une voix blanche et contenue :

– Je ne changerai jamais d'opinion à ce propos. Tu sais quelle est ma réponse : j'interdis qu'on mobilise l'armée, tant qu'il n'y a pas de danger plus considérable. Ces terres ont été conquises par le glaive et si nous y sommes implantés, elles ne sont pas nôtres, au regard de l'histoire de ces peuples. Ce ne sont que colonies usurpées. Je vois dans ton regard que tu réprouves ma décision et ne me comprends pas. Pourtant, tu sais que je considère qu'en toute chose, la Lumière doit être souveraine. Nous ne devons pas combattre les actions négatives par d'autres actions de même nature. Il n'est pas nécessaire d'ajouter des cadavres à d'autres cadavres. Sans doute les pillards sont-ils comme ceux que tu décris. Mais rien ne sert de faire intervenir l'armée. Les guerres ne sont utiles qu'a générer plus de misère qu'il n'y en a. Il n'y a jamais de vainqueur dans une guerre, quelle que soit l'issu des combats. Il n'y a que désolation. Et puis ce n'est pas par la violence que nous pouvons provoquer les êtres humains à changer. Mais tous, c'est là le plus important, devons nous tourner vers la Lumière et lui demander de nous inspirer d'autres moyens, plus respectueux de la vie, fût-elle celle d'un criminel, pillard de surcroît. Seul Aton nous montre la Vérité. Cette Vérité est Lumière et non obscurité. C'est elle que nous devons servir, et non le contraire. Apporte ma réponse à ceux qui t'envoient, jamais elle ne variera, quand bien même vous ne la comprenez pas encore. Laisse-moi seul maintenant !

Le messager dissimula avec peine sa consternation. Dans ses yeux brilla, un instant, une lueur de défi ; mais il baissa les yeux et n'ajouta rien. Après un salut rituel, il se retira. Pharaon quitta, sur-le-champ, la salle du palais pour se diriger vers son temple privé, le cœur écartelé.

PHARAON ET L'INVISIBLE

Pharaon demanda qu'on ne le dérangea sous aucun prétexte. La lourde porte du temple se referma sur lui. Quotidiennement il s'enfermait ainsi, et parfois pour de longues heures. Nul ne savait, hormis son âme jumelle, son épouse que l'on appelait "la belle est venue", qu'il se mettait alors en relation avec les plans invisibles. Leurs initiations Pharaoniques leur avaient permis de retrouver des mémoires de leurs vies passées et de leurs origines non terriennes, que chacun oublie naturellement dès qu'il s'incarne dans un corps physique. Ces initiations leur avaient également permis de recouvrer des facultés de sorties hors du corps, de clairaudience et clairvoyance, si communes pour des Éthériens originaires de la Planète Dorée.

En pensée, Pharaon appela ses Frères Serviteurs de la Lumière, qu'il considérait comme ses guides avisés. Immédiatement la communication s'établit. Pharaon salua avec respect, en croisant les avant-bras sur sa poitrine, en signe de totale soumission.

– Frères, dit-il, vous avez assisté à mon entretien avec le messager. Je sollicite votre opinion, mon âme est dans un conflit affreux.
– Quelle est ta question ?
– Ai-je bien fait de continuer d'interdire qu'on fasse donner l'armée contre les pillards ?
– Tu sais que nous ne saurions nous immiscer dans les responsabilités qui sont les tiennes. Tu as choisi cette incarnation pour pouvoir les exercer parmi les hommes, en cette Égypte précisément où ton âme jumelle est venue te rejoindre pour partager avec toi cette mission de les ouvrir à plus de Lumière. Lui as-tu ouvert ton cœur ?
– Non. Pas encore. J'attendais de m'être entretenu avec vous.
– Elle est venue s'incarner sur Terre pour être ta compagne, ta confidente et ta conseillère, dans toutes tes entreprises.
– Nous avons fait tant de choses merveilleuses ensemble. Nous avons fait bâtir la "cité de l'horizon d'Aton" en hommage à la Beauté, à l'Esprit et à l'Amour de tous les êtres. Il est vrai qu'elle me conseille lorsque je le lui demande. Mais, aujourd'hui, je la sens s'éloigner de moi.
– N'est-ce pas toi qui t'éloigne d'elle ?

Pharaon resta sans parole un long moment. Il était vrai qu'il passait désormais le plus clair de son temps entre le palais et son temple, et délaissait celle qu'il aimait pourtant plus que lui-même. La conversation fut reprise par ceux de l'invisible :
– Tu nous as demandé notre avis concernant ta décision de tout à l'heure. Nous ne te ferons part que de notre analyse. Oui ! les pillages et les carnages se multiplient. Tes sujets en souffrent grandement. Ils se demandent pourquoi l'armée de Pharaon n'intervient plus, alors qu'elle était autrefois si puissante et terrible pour les ennemis du royaume. Les bandes armées qui rançonnent et qui tuent ne sont pas encore organisées. Leurs raids sont extrêmement rapides, et l'armée aurait grand mal à

intervenir contre eux. Ils craignent encore son intervention. Cependant ils s'enhardissent chaque jour.

– Que dois-je faire ?
– Toi seul dois, peux le décider en conscience. Mais il est encore un autre point que tu dois considérer, et dont tu peux te douter, car le plus important se trame toujours dans l'*ombre.*
– Celui des prêtres ?
– Oui ! celui des prêtres. Tu sais combien nombre d'entre eux ne te pardonnent pas d'avoir remis leurs pouvoirs et leurs Dieux en cause, d'avoir fait marteler les effigies, et surtout institué un Dieu unique.
– Oui ! cela est certain...
– Ces prêtres se réunissent désormais et complotent contre toi. Ils pourraient attenter à ta vie. Sois vigilant ! Sois vigilant et comprends que vous ne pourrez jamais instaurer sur cette planète, autant que vous l'aimeriez, la beauté et l'harmonie qui règnent sur les autres plans, où se trouvent ceux qui servent la Lumière. Comprends que vous devez, sur Terre, confronter les instincts les plus primaires de violence et d'avidité et que le plus grand nombre n'est aucunement préoccupé ni de beauté, ni d'harmonie, ni de spiritualité. Un chacal affamé ne sera jamais un papillon, surtout s'il vit en meute pour sa survie. Tu sais que les hommes sont plus terribles que les chacals, car ils ne tuent pas seulement pour leur survie mais aussi pour acquérir des possessions, pour le plaisir de la domination, le goût du sang et de la luxure.
– Que dois-je faire ?
– Nous ne saurions nous substituer à toi car nous ne sommes pas de la Terre, comme toi tu l'es devenu par cette incarnation. Nous t'avons fait nos mises en garde.
– Je vous en remercie. Je vais en parler à mon épouse. Je vous salue.

Pharaon s'inclina, les bras croisés sur la poitrine. Puis il se dirigea vers les appartements de la reine, toujours soucieux.

Effectivement, son épouse se montrait de plus en plus réservée à son égard, et partageait de moins en moins ses préoccupations concernant la manière de conduire les affaires du Royaume. Peut-être ne l'aimait-elle plus comme avant? Sa beauté était si grande, tant spirituelle que physique, alors qu'il lui semblait, pour ce qui le concernait, que son esprit pouvait paraître devenir aussi difforme que son corps. Ah ! lui, fervent de toutes les beautés, comme il n'aimait pas ce corps aux proportions dysharmonieuses, déformé en certains endroits par des lipomes proéminents. Comme il était las de cette existence de Pharaon, en cette époque barbare et primitive, enclos dans ce corps physique dégénéré !

LA REINE SI BELLE

Son visage aujourd'hui est devenu le symbole de la beauté féminine. Elle s'appelait "la belle est venue" et, lorsqu'on redécouvrira bien plus tard ses traits par les sculptures qui demeureront au-delà des siècles, elle le redeviendra à jamais! Mais que restera-t-il des œuvres qu'ils ont voulues tous deux construire pour célébrer la Beauté et la Bonté, et les faire vivre au cœur et dans l'espace de vie de chacun ?

En cette heure de désespérance, il semblait à Pharaon que son règne avait été inutile. Les poèmes qu'ils avaient écrits, les palais et les temples qu'ils avaient fait bâtir, les sculptures et les peintures dont ils avaient été ornés, les nouveaux cultes instaurés, les enseignements prodigués, tout cela lui paraissait d'une totale dérision dans cet univers d'êtres humains dirigés par les instincts les plus primaires, habités de violence et d'avidité, méprisants des valeurs de l'esprit, sans égards pour la beauté ni la vérité. Et ces prêtres auxquels il avait essayé de faire comprendre leurs devoirs et leurs responsabilités spirituelles ! Par les pouvoirs occultes qu'ils avaient développés grâce à leurs initiations, ils lui semblaient les plus terribles, les plus diaboliques, les plus infernaux. Qu'étaient-ils venus faire sur cette Terre, servir la

Lumière ou l'*ombre*, Aton ou cet usurpateur d'Amon ? Il était accablé.

L'esprit agité de toutes ces questions, Pharaon arriva près de son épouse. Au premier regard elle perçut tout son désarroi. Mais celui-ci ne devenait-il pas de plus en plus fréquent, manifestement grandissant de jour en jour. Ils s'enlacèrent tendrement. La Reine embrassa les lèvres, puis le front de Pharaon, et demeura silencieuse. Ils s'assirent, les mains dans les mains. Pharaon fit le récit détaillé de son entrevue avec le messager, puis de sa communication avec l'invisible et, enfin, de son désespoir à ne pas comprendre les affaires des hommes de ce temps et à ne pas savoir les gouverner comme il convenait.

La Reine resta longtemps silencieuse. Elle avait pris son parti de ne pouvoir infléchir son époux sur les questions touchant la violence et le sang. Il lui avait tant fait valoir qu'on ne pouvait combattre le mal par le mal, la violence par la violence, le crime par le crime. Elle-même ne savait plus. Ce qui l'attristait bien plus que toutes ces questions était de voir celui qu'elle aimait sombrer de plus en plus dans le désarroi, la dépression, l'enfermement sur lui-même.

De moins en moins souvent, il venait ainsi vers elle. Existait-elle encore pour lui, lui qui semblait de plus en plus ébranlé ? Sa sensibilité était si grande, et si réservée à la fois ! Elle s'étonnait d'ailleurs qu'il soit venu vers elle aujourd'hui. Il fallait qu'il soit bien inquiet. Mais que pouvait-elle lui dire qui ne le rejeta pas loin d'elle ? Elle prit la parole enfin :

– Les invisibles t'ont dit que l'armée ne pourrait pas être suffisamment efficace contre les bandes de pillards. Tu sais que je n'entends rien à ces questions. Ils t'ont dit également que les prêtres complotaient contre toi, et qu'ils pouvaient devenir dangereux. Que penses-tu faire ?
– Je sais où ces prêtres se réunissent : dans la salle des initiations. J'irai voir ce qu'ils y trament contre moi.

– Mais tu ne saurais t'y rendre toi-même. Ils seront prévenus de ta visite.
– À quoi servent les sorties hors du corps ? Ils ne pourront me voir si je viens en dédoublement. Ainsi je pourrais entendre ce qu'ils disent, et connaître qui le dit.
– Tu sais cependant, que certains peuvent percevoir l'invisible. Prends garde, mon aimé.

LES SORTIES DE PHARAON

Que n'a-t-on supposé – et médit – sur les moments de vie privée de Pharaon. Bien sûr, ceux qui se réincarnèrent après avoir combattu contre lui ne pouvaient qu'inventer les plus mauvaises et odieuses raisons de salir sa mémoire, et trouver les oreilles les plus complaisantes pour les écouter, sinon les devancer. Mais peut-on concevoir qu'un Pharaon vienne à perdre l'esprit ?

La nuit allait venir. La Reine devait célébrer en son temple le rite sacré de la mise en repos du Disque solaire. Pharaon demanda qu'on vint lui servir la boisson qui l'aiderait à quitter plus vite son corps physique. Il en avait ordonné lui-même la composition. Après avoir bu, il s'allongea sur son lit d'ivoire, ferma les yeux et attendit que son corps soit totalement en repos. Alors, il put se rendre dans la salle souterraine où les anciens prêtres d'Amon faisaient leurs anciens rituels initiatiques, désormais interdits.

Le Grand Prêtre était effectivement là, entouré d'une vingtaine d'autres prêtres. Il communiquait avec des entités invisibles, des puissances de l'*ombre* à n'en pas douter. Comme leurs paroles étaient subtiles, leurs stratagèmes séduisants, leurs condamnations des actions ou des décisions de Pharaon, impitoyables ! Tout ce que Pharaon avait essayé d'instaurer qui paraissait de quelque valeur à ses yeux était déprécié, sali, tourné en dérision. Ses œuvres les plus hautes étaient réduites à des chimères poursuivies par un enfant au cerveau malade. Il fallait revenir aux valeurs anciennes, à celles qui avaient toujours fait leurs preuves. À celles qui reposaient sur la force, et qui imposaient la force... Cela en était trop que Pharaon pouvait supporter ce jour-là. Il reviendrait en s'armant de courage. S'en aller promener dans les jardins fleuris lui ferait le plus grand bien...

Jour après jour, Pharaon reprit de sa potion pour sortir de son corps plus facilement. Cela devenait une drogue véritable, dont il devint bientôt très dépendant. De jour en jour sa santé s'en ressentait gravement. Le retour dans son corps physique, de plus en plus souffrant, devenait chaque jour plus pénible et problématique. Ses proches voyaient son état empirer, ses facultés s'altérer. Même la sollicitude de la Reine lui devenait une source de souffrance. Sa solitude intérieure devint telle qu'il ne pouvait plus la partager désormais.

Son épouse, en conscience et responsabilité, ne pouvait laisser ainsi la situation se dégrader. Ce qu'ils avaient essayé d'instituer, et qui était si nouveau, si révolutionnaire, ne pouvait être livré à l'anéantissement. Pour conserver au maximum son intégrité mentale et ses capacités à gouverner, elle ne pouvait plus demeurer près de son époux comme elle l'aurait voulu. Elle prit une autre résidence. Un corégent fut nommé pour pallier l'état de souffrance et de maladie, de plus en plus préoccupant, du Pharaon.

Dans sa dépression terrible les prêtres étaient devenus l'objet central des préoccupations de Pharaon. Depuis de nombreuses semaines déjà ses Frères de la Lumière d'Aton ne répondaient plus à ses appels. Pharaon sombrait. De nouveau, il repartit en dédoublement vers le lieu où se réunissaient les prêtres.

Mais il avait oublié que les pouvoirs du Grand Prêtre étaient très grands, et ceux des entités invisibles auxquelles celui-ci s'adressait, plus grands encore. Le Grand Prêtre fut averti de la présence indiscrète. Son cri fut terrible. À tous, il demanda de se joindre à lui pour empêcher Pharaon de rejoindre son corps physique et maintenir son esprit prisonnier en ce lieu, en dressant des barrières dans l'invisible.

Le combat fut terrible. Pharaon eut les plus grandes difficultés à s'échapper du lieu. Mais il ne put effectivement réintégrer son corps physique comme il l'aurait souhaité. Il put néanmoins rester à sa proximité.

LA DISPARITION DE PHARAON

Bien que dans l'impossibilité de réintégrer son corps complètement, Pharaon pouvait encore donner des ordres à ses membres. Il fit se lever son corps physique puis l'acheminer, comme il pouvait, vers l'extérieur du palais. La nuit était tombée, heureusement, et depuis plusieurs heures déjà. Il dirigea son corps hors de la ville. Avec une peine inconcevable, il lui fit atteindre le désert, puis se traîner encore. Il put arriver aux grandes roches, et le laisser s'effondrer là.

Son esprit avait appelé ses Frères, désespérément. Bien sûr, ceux-ci l'avaient parfaitement reçu. S'ils ne pouvaient plus cautionner les errements de Pharaon, et donc lui répondre, ils demeuraient toujours dans la plus grande attention au moindre de ses gestes, à la moindre des pensées émises à leur adresse.

Son corps effondré, Pharaon pria Aton de le faire disparaître, puis d'aider son esprit à rejoindre Sa Lumière.

Sans délai Pharaon fut reçu dans le vaisseau où ses frères commencèrent, de suite, à lui administrer les soins nécessaires à restaurer son être dans ses capacités.

Le corps physique de Pharaon ne fut jamais retrouvé. Il n'était effectivement pas un instant concevable que la dépouille de celui qui avait pris mission afin d'œuvrer pour la Lumière dans cette Égypte sur le déclin, fut trouvée dans cet état et puisse servir ainsi à renforcer les arguments de ceux de l'*ombre.*

La Reine ne sut jamais ce que devint son époux. Toutes ses recherches demeurèrent vaines. Elle mourut quelques années après. Bien vite, la ferveur des disciples d'Aton parut s'épuiser. L'*ombre* reprit tous ses droits. Le nom de Pharaon fut frappé d'anathème, la magnifique cité de "l'horizon d'Aton" démolie pierre par pierre, son souvenir défiguré. Bientôt, personne ne connut plus son existence... Les prêtres d'Amon reprirent leurs pouvoirs d'antan et leur domination, et retrouvèrent leurs richesses.

Il faudra attendre vingt-trois siècles avant que quelques érudits découvrent l'ampleur de l'œuvre conduite par ce Pharaon et son épouse – sa Reine – dont personne ne se sut jamais qu'elle fût son âme jumelle qui, jusqu'à son dernier soupir, essaya de faire vivre leur idéal si incroyable pour les hommes d'alors. Il est vraisemblable qu'il serait mieux compris de nos jours, pour l'essentiel tout du moins. Peut-être...

INTERROGATIONS

À l'évidence, on ne saurait concevoir, depuis cette dimension terrestre, que ce qui appartient au passé, puisse constituer un avenir. Mais nous nous devons de chercher à en retirer tous les enseignements possibles. Peut-être le passé ne sert-il jamais qu'à cela. Tant de livres ont été écrits sur ce Pharaon, tant d'hypothèses de toutes sortes ont été formulées, dont la quasi totalité ne sont que de pures spéculations (dont certaines sont particulièrement douteuses). D'autres livres s'écriront. Cependant, où se trouve selon moi l'important ?

L'important est-il de comprendre quelles furent les sources auxquelles, avec sa reine, il puisa ? Ou bien l'important est-il de comprendre le contexte culturel, social et religieux de son époque et d'y resituer leurs actions novatrices ? Ou encore, de comprendre comment se mena en son esprit et en son âme le combat de la Lumière et de l'*ombre*, en favorisant malgré lui la résurgence de cette dernière ? Ou, enfin, de savoir si son existence et si l'œuvre qu'il conduisit avec son épouse furent d'une quelconque utilité ?

Plusieurs livres seraient nécessaires pour traiter toutes ces questions de façon approfondie et valide. Osons néanmoins quelques indications, permises par la consultation des annales akhasiques.

Les sources auxquelles puisèrent les deux souverains (mariés alors qu'ils étaient de jeunes enfants) furent d'abord celles de leur culture familiale. Leurs parents, aux personnalités hors du commun, étaient eux même d'origine éthérienne. Ils en avaient conservé les valeurs les plus hautes et les plus belles, non sans quelques déviations parfois. Ces dernières étaient toutes en rapport avec la condition d'être incarné dans un corps physique et, en plus, de disposer de toutes les facilités et des richesses les plus fabuleuses, pour satisfaire le moindre de leurs besoins, de leurs désirs ou de leurs plaisirs.

Mais, surtout, Pharaon garda la faculté de se mettre en contact avec la 5ième dimension. Dans le contexte culturel de l'époque, il est facile de comprendre que le souverain identifiait les entités invisibles avec lesquelles il était en rapport avec des guides divins vivant dans la Lumière divine. Ainsi que la Reine, il retira de ses contacts "d'outre espace" des bénéfices immenses. Il put comprendre son temps et tenter de favoriser son évolution d'une façon que certains appelleront visionnaire, d'autre révolutionnaire, et d'autres encore, aberrante. Mais il n'y avait rien là de visionnaire. Au fond de leurs mémoires (et de "toute actualité") vivaient tous les enseignements retirés des vies passées dans l'Éther, sur la Planète Dorée, sur Vénus, sur Sirius, sur les stations et les vaisseaux, ainsi que sur la Terre. Tout ce qu'ils proposèrent ou instaurèrent allait, pour eux, complètement de soi : ils en furent nourris constamment au fil des millénaires.

Seule posait quelques problèmes la transposition dans la 3ième dimension de la Planète Bleue, parmi des êtres incarnés dans des corps de chair soumis à des instincts, des besoins et des avidités bien spécifiques. L'extraordinaire difficulté fut d'y tenter de confronter toute la part d'*ombre* qui leur était inhérente, sans avoir développé une suffisante conscience, ni une suffisante maîtrise de leurs racines et de leur devenir.

LE CORPS ET L'*OMBRE*

Après avoir parcouru quelques épisodes de vie de ce pauvre Pharaon, osons quelques questions. Combien de vies sur Terre nous faut-il vivre pour accepter enfin de nous confronter aux profondeurs insondables des ténèbres qui accompagnent inévitablement l'incarnation dans un corps physique animal ? Et dans cette vie combien, pour ce qui me concerne, m'aura-t-il fallu passer d'années à écouter professeurs et praticiens de la philosophie, de la psychologie, de l'éducation, de la psychiatrie, de l'anthropologie, de la psychanalyse et de la psychothérapie ? M'user les yeux sur un nombre incalculable de livres d'étude ? Rechercher des approches conceptuelles un tant soit peu fiables et résistant à l'épreuve de l'expérimentation et de la pratique ? Voir et écouter de patients ? Vivre, depuis vingt-cinq années quasi ininterrompues, de séances d'analyse, de séances de supervision, de travail sur mes vies antérieures, de recherches en ontoanalyse ? Cela est inchiffrable, mais correspond à bien plus d'un quart de siècle de travail acharné sur moi-même, en dehors des sentiers battus et rebattus, sentiers sur lesquels toujours me précède la stature magnifique de cet autre Éthérien : Carl Gustav Jung. De lui, j'ai encore tout à apprendre afin de clarifier ces milliers d'années au cours desquelles j'ai pris et repris corps dans la 3ième dimension de la Planète Bleue... notamment. Ce livre, offert à tous mes Frères de la Terre et de l'Éther, me permet enfin de faire le point sur cette chose d'une telle sidérante évidence : l'homme incarné n'est pas un pur esprit ! ne peut pas fonctionner comme tel ! ne peut pas être considéré comme tel ! Ne peut évoluer comme tel !

Lorsque j'achevais mes études primaires (faisant un bien mauvais élève incapable de discipliner son cerveau gauche), C.G. Jung publiait son ouvrage sur la "Psychologie de l'inconscient"[1]. Vous y trouverez cette phrase surprenante : *Un pressentiment obscur nous avertit pourtant qu'ayant un corps, ce corps implacablement projette une ombre (comme tout corps), et que, si nous ne faisons pas entrer ce côté négatif de notre nature dans un ensemble, nous ne sommes pas complets : si nous nions ce corps, nous ne sommes plus des êtres à trois dimensions, mais des êtres aplatis qui ont perdu leur essence. Or, ce corps est un animal, avec une âme d'animal, qui obéit de façon absolue à l'instinct. S'allier à cette ombre, cela revient à accepter l'instinct et aussi à accepter ses dynamiques gigantesques, qui menacent à l'arrière-plan. Or, c'est précisément de cela que la morale ascétique du christianisme veut libérer l'homme, au risque de perturber, au plus profond de lui-même, sa nature animale.* Le lecteur comprend que cette analyse est d'une terrible justesse pour ce qui concerna la vie et le règne de ce Pharaon. Celui-ci n'acceptait pas de reconnaître cette partie animale et ses "dynamiques gigantesques" qu'il avait nécessairement endossées en choisissant de s'incarner pour apporter les valeurs esthétiques et morales de l'intelligence du cœur et de l'esprit – dans l'ignorance extrême de celles du corps animal.

Il ne suffit pas d'aimer la beauté des corps qui constituent, dans leur fabuleuse diversité, la faune des espèces humaines et animales. Il ne suffit pas de chercher à comprendre les fonctionnements, les contraintes et les problèmes en rapport avec la possession d'un tel corps. Il ne suffit pas de regarder, avec compassion et charité (souvent teintée de solide réprobation), œuvrer chez ses semblables les dynamiques puissantes de l'instinct dans les profondeurs vertigineuses de l'inconscient personnel ou collectif. Il est incontournable de les assumer par soi-même... ou de l'essayer, autant que nos

---

1 "Psychologie de l'inconscient", Ed.Librairie de l'Université Georg et Cie S.A., Genève – 1952. La citation est extraite de la 4ème réédition de 1978, p. 64

capacités nous le permettent. Pharaon n'eut pas cette capacité. Il s'était incarné pour appeler les hommes à se transcender, à nourrir leurs yeux, leurs oreilles, leurs cœurs, leurs âmes et leurs esprits d'aliments beaux et bons. Il n'acceptait pas de reconnaître que "l'homme est un loup pour l'homme", tout du moins pas avant d'avoir essayé de demander à ces hommes de domestiquer leurs instincts animaux.

Mais que peut devenir un loup lorsqu'il est domestiqué ? Que peut-il devenir en retournant dans la meute, en étant à tout moment confronté aux autres animaux sauvages ? Comment va-t-il se défendre s'il est privé de ses moyens archaïques de défense et d'attaque ? Il ne peut qu'être mis à mort, physiquement ou psychiquement. Pharaon, dans son utopique ambition, a empêché passionnément que puisse s'éclore en lui, et autour de lui, la *materia prima* – ainsi que l'appellerait C.G. Jung – de notre nature animale. Pour cette raison il n'a pu apporter au monde des hommes d'alors tout ce qu'il aurait aimé apporter, en tant que né autrefois dans les dimensions éthériennes de la Planète Dorée, et comme membre de la Famille de la Lumière. Une des plus grandes erreurs de ce Pharaon fut de tenter de priver les êtres des moyens de se défendre contre les envahisseurs barbares. Comment pouvait-il demander qu'il soit fait appel "à la Lumière" pour endiguer leurs actions, et les amener à renoncer à leurs projets de pillage, de meurtre et de domination ? Son innocence était bien grande. Nous pourrions l'appeler plus crûment : son incommensurable inconscience devant les exactions commises sous l'empire des instincts animaux les plus primaires.

D'ailleurs, toujours le refoulement, d'une manière ou d'une autre, à un moment ou à un autre, resurgit. Ainsi, nombreux furent les auteurs qui se payèrent la jouissance délectable de traîner ce Pharaon dans les boues malodorantes de l'inceste, de l'homosexualité, des turpitudes diverses ou simplement de la folie la plus radicale. Au regard des milliers de pages d'horreurs invérifiables qui ont été écrites sur lui, ce pauvre

Pharaon devrait être contraint à se terrer, pour l'éternité, dans un petit trou de souris. Bien sûr quelques uns – et non des moindres – lui prodiguèrent des éloges tout aussi excessifs... et irréalistes. Les uns comme les autres n'ont laissé parler que leur propre vision du monde... et que leurs propres instincts, plus ou moins bien refoulés ou transcendés. "Qui fait l'ange..." pourrais-je plagier, convoque la bête (aux pulsions inouïes et aux crocs acérés). Or cette bête est infiniment respectable, car elle développe une intelligence redoutable d'efficacité, dans sa pure simplicité.

Par ailleurs, les possibilités de faire consensus sur des données profondément inconscientes ou instinctuelles (et d'autant plus inconscientes qu'elles sont assidûment refoulées), ignorent l'espace et le temps, ignorent les millénaires et les distances, aussi fabuleuses soient-elles. En ce sens, tout ce que j'écris dans ce livre est absolument contemporain de la minute à laquelle le lecteur (où qu'il soit dans le temps ou dans l'espace) lit ces lignes, ou s'en rappelle. Où que nous soyons, nous pouvons développer un "espace" de consensus inconscient (le plus souvent), avec un être éprouvant les sentiments les plus élevés... ou les plus primitifs, développant la spiritualité la plus éthérée ou les instincts les plus sauvages.

ANIMAUX, HOMMES ET CHANGEMENTS

L'esprit prenant pour véhicule un corps physique de chair et de sang endosse, du même coup et de façon irrémédiable, tout le patrimoine instinctuel (phylogénétique), inhérent à la condition animale. D'autant qu'il m'apparaît clairement qu'entre un animal et un être humain, le plus sensé des deux n'est pas celui qu'on croit. Sans doute les survivants des tribus originelles d'Amérique, d'Australie, du Groenland, du Tibet ou de la Sibérie, seront-ils ceux qui nous permettront de retrouver une condition humaine sachant concilier l'animal primitif en l'homme et l'être spirituel.

D'ailleurs tout animal, ainsi que les Indiens, les Inuïts et autres Aborigènes le savent parfaitement, est un être aussi absolument spirituel que nous-mêmes croyons l'être. Quand saurons-nous prendre à nouveau enseignement et conseil auprès d'un "esprit totem" animal, quel qu'il soit ? Quand serons-nous prêts à écouter l'infinie sagesse des plantes... et des planètes ? L'incarnation, à n'en pas douter, devrait nous servir à cela. Mais il est tant de vanité, tant de suffisance et tant d'ignorance au cœur des hommes, surtout chez ceux qui se disent résolument modernes, "hommes de progrès"!... et de barbarie grandissante.

Combien de millénaires sont-ils nécessaires pour permettre à un seul homme d'un peu évoluer ? Combien lui en faut-il encore pour achever ses voyages et revenir vers la Source Une ? Mais il ne saurait le faire sans que ses semblables, ses Frères, ne soient eux aussi sur le chemin du Retour... Nous pouvons nous demander encore (en considérant que nous sommes, en esprit, tous interdépendants et inter-reliés) combien il faudra de temps aux pays dits civilisés pour amorcer collectivement ce Retour, surtout avec le terrible handicap d'être persuadés de faire partie de l'élite de ce monde, sinon de cet univers... au plan matériel naturellement ! Mais au plan spirituel nous persistons dans l'ignorance de notre incompétence. Or, *il est commun de constater que lorsqu'on est dans cette inconscience, nous pouvons nourrir abondamment l'illusion de croire beaucoup savoir...*

Et puis, si nous avons de belles automobiles, de beaux ordinateurs et de petites navettes spatiales, où en sont nos instincts les plus élémentaires ? Et comment avons-nous cherché à faire évoluer en nous-mêmes cette *materia prima* constitutive de notre condition ? Regardons ce que des hommes peuvent faire avec une arme à feu ou un véhicule automobile. Nous sommes, à n'en pas douter, demeurés en pleine préhistoire, alourdis de névroses et de psychoses de tous ordres, fragilisés ou détruits par des drogues en tous genres, abrutis par nos médias et pensés par eux. Les généticiens le savent parfaitement : on ne peut pas expliquer les transformations évolutives d'une espèce par de brusques mutations, mais par un accumulation, au fil des millénaires, de petites mutations engendrant des micro-évolutions... qui aboutiront un jour à des méga-évolutions. Une espèce, sinon, devient tellement inadaptée qu'elle est condamnée à disparaître brusquement.

Alors, que penser d'un individu, "venu d'ailleurs" et ayant pris la Planète Bleue comme terre d'asile, qui voudrait se mêler d'étonnante façon d'aider les hommes à être plus "humains", à aimer leurs semblables, à apprécier la beauté, à chercher et reconnaître la vérité, à abandonner les croyances en des dieux tout-puissants, dominateurs et vengeurs, à préférer le bien d'autrui en toute chose ? ... Le moins qu'on en puisse dire est qu'il n'aurait pas bien pris la mesure de la situation, ni celle des conditions dont il eut fallu s'entourer. Quelle erreur grossière est celle de demander à des êtres de comprendre ce qui n'est pas à leur portée, ou d'emprunter un chemin dont ils ignorent tout ! "don't interfere !" nous crierait C.G. Jung – qui n'est plus dans sa tombe depuis longtemps... Mais notre le "Pharaon égaré" ne connaissait pas C.G. Jung, et il ne savait pas encore que "l'enfer est pavé de bonnes intentions", et le tissu humain tissé de fibres animales.

Considérons en effet ce dernier point : qu'est-ce que vouloir amener quelqu'un à prendre le chemin que nous lui désignons, sinon une manière de lui demander de nous servir, une manière de le coloniser ? Lorsque les conquistadores, et autres missionnaires / mercenaires, voulurent faire entendre aux peuples d'Amérique Centrale ce qu'il fallait penser, comment il fallait prier, qui il fallait prier, et auprès de qui il fallait transférer l'or et les richesses, leurs procédés éducatifs furent simples et expéditifs : ils passèrent les récalcitrants au fil de l'épée. Certes, ce Pharaon n'usa jamais de la force armée. Mais son pouvoir était immense : ses décrets avaient force de loi et il était considéré comme le père spirituel de tout un empire.

Il avait prit néanmoins mission d'apporter témoignage de la Lumière au cœur des êtres humains – de cette Lumière qui, enfin, est appelée à venir à nouveau baigner toutes nos cellules dans l'aube nouvelle, inexorable désormais, et que nous allons enfin retrouver après tant de millénaires.

LES CERVEAUX GAUCHES PARMI LES RUINES

Ce "cerveau gauche" que l'on voudrait, "depuis Charlemagne", faire évoluer par des moyens dits scolaires (voire universitaires) et dont on cherche toujours comment les rendre appropriés, est d'un conservatisme affligeant. La moindre rumeur de nouveauté ouvre sous lui un gouffre béant. D'ailleurs, je ne suis pas sûr qu'il ait jamais osé la moindre tentative de progrès depuis des centaines de milliers d'années. Et la science en serait à l'âge de la pierre taillée si des êtres n'étaient venus d'autres dimensions, et si ceux que l'on désigne comme savants n'étaient des êtres qui se rappellent... et qui, heureusement ou malheureusement, font appel à leur cerveau droit intuitif, créatif, symbolique (mais qu'ils prennent garde à ne pas se laisser endurcir ce "muscle spongieux", car s'il n'est pas "arrosé" suffisamment il se rigidifie, se calcifie et délègue tout pouvoir au cerveau gauche), leur donnant accès direct à la 5ième dimension.

Les débats à la télévision sont quelquefois – à leur insu le plus souvent – plein d'enseignements. Observez avec quelle persévérance et quelle habileté on maintient à tout prix les "choses" en leur état afin, justement, de ne pas apporter d'instabilité, toujours inquiétante. Regardez combien de pirouettes sont réalisées par les hommes de l'art pour amener très progressivement un petit changement "tiède", dans les zones de consensus suffisamment "mous". D'ailleurs, on y peut apprendre des nouvelles stupéfiantes : l'Église reconnaît, en 1992 que Galilée avait raison (il avait été excommunié en 1633); l'armée française (elle réagit plus rapidement, c'est compréhensible) qu'elle avait accusé à tort un certain

Dreyfus – au siècle dernier. Mais les structures, quelles qu'elles soient, cérébrales, académiques, religieuses, politiques ou militaires, ont pour mission première et essentielle de faire respecter l'ordre établi. Que diable en espérez-vous? Souplesse et malléabilité, c'est-à-dire capacité à changer d'idée ou de programme ! N'en doutez pas, regardez à la télé : lorsque le nouveau pointe, il est immédiatement critiqué, passé à la moulinette tonitruante des schèmes les plus anciens qui peuvent nous habiter.

"C'est comme ça !" répond le parent à l'enfant qui lui pose la question "Pourquoi ?". "C'est comme cela !" affirmera le gardien de la révolution à celui qui ose une question. Et s'il en est un qui, sur une préoccupation d'ordre religieux, s'en vient à s'interroger, il s'entendra dire : "cela a toujours été ainsi. Regarde : c'est écrit !". "Pourquoi cela ? et pourquoi ceci ?", "Parce que c'est comme cela !". C'est comme cela que l'on doit vivre, penser, croire, espérer, craindre, vouloir, créer, inventer, mettre un pied devant l'autre, aimer... C'est ainsi que l'on se trouve embrigadé dans des systèmes institutionnels complètement bouclés. L'enfant qui vient à y débarquer n'a d'autre ressource pour évoluer que celle de se rappeler des autres dimensions, de ce qu'il y faisait, de ceux qui l'enseignaient. "Vos enfants ne sont pas vos enfants..." écrivait magnifiquement le poète Khalil GIBRAN, quand il avait seize ans, et il ajoutait :

Vous pouvez leur donner votre amour,
mais pas vos pensées, car ils ont leurs propres pensées.
Vous pouvez loger leurs corps, mais pas leurs âmes,
car leurs âmes habitent la maison de demain
que vous ne pouvez visiter, pas même en rêve.
Vous pouvez vous efforcer d'être semblables à eux,
mais ne cherchez pas à les rendre semblables à vous...

Mais ce frère de l'Éther était un poète qui voulut "faire éclore dans l'homme tout ce qui le dépasse et tout ce qui est plus grand que lui : l'amour, la joie, la révolte, la liberté", ainsi que l'écrit Adonis dans sa préface du livre le plus connu de Khalil Gibran : *Le prophète*. Remercions les éditeurs de toujours continuer de publier son œuvre qui date du début du siècle. Mais qui se soucie d'écouter les poètes ! Ils ne sont que de doux rêveurs, des nostalgiques impénitents. Oui, ce sont certes des rêveurs, mais qui se souviennent d'avoir habité d'autres "demeures du Seigneur".

Or, que se passe-t-il dans les faits, au niveau des nations : il y a ceux qui gouvernent, qui agissent, qui décrètent, ceux qui les remplacent par le droit ou par la force, ou qui se rebellent, et il y a ceux qui participent de la masse globale. Certains hommes politiques ont bien compris que pour cette masse il était bien difficile de suivre. Aussi ne procèdent-ils en apparence que par de tout petits pas. Mais combien de manipulations médiatiques, de messages subliminaux, de désinformations inouïes ! De ceux qui semblent parler avec une si docte apparence, un langage si recherché, on ne se rappellera que l'attitude qui en impose. Mais n'est-il pas dans l'ordre des choses que celui qui pense être fort, se sente fort et le donne à paraître... et que celui qui se pense faible, le soit effectivement en face de lui ? Combien n'a-t-on pas vu d'hommes athlétiques et armés, abdiquant toute velléité devant un "muni", persuadés que ce dernier était le plus fort, le plus grand, le plus déterminé. Regardez la scène politique, regardez ses ruines fumantes et regardez le jeu toujours se répéter. Dans une Russie dévastée, exsangue, je demeure persuadé que beaucoup n'ont pas encore compris dans quel film on leur demande de jouer... depuis les derniers tsars !

Pauvre Pharaon ! Pourra-t-il jamais se consoler de s'être aussi immensément abusé sur les êtres humains incarnés dans la 3ième dimension. Tout ce qu'il avait essayé de bâtir dans la beauté, la bonté et la vérité, a été balayé en quelques mois. À peine pourrait-il se consoler du fait que sa révolution tranquille qu'il voulut esthétique et spirituelle ait fini, après quelques dizaines de siècles, par rencontrer des âmes prêtes à comprendre et estimer ce qu'il tenta de mettre en œuvre. Mais n'en est-il pas ainsi de toutes les révolutions, quelle qu'en soit leur nature, et même si elles sont dirigées par des généraux ou des prêtres sachant d'abord utiliser les armes ou les supplices comme moyens de persuasion ?

Heureusement que nous nous réincarnons sur une échelle de temps prenant pour unité de mesure les siècles et les millénaires ! Heureusement qu'au fil de ces réincarnations nous apprenons, ainsi que C.G. Jung nous invite à le faire, à équilibrer, dans notre rapport au monde, l'intuition, le sentiment, l'intellect et la sensation. Jung aimait à rappeler qu'un tabouret tient mieux sur quatre pieds que sur deux. Notre pauvre Pharaon, quant à lui, n'en avait trouvé que deux sur lesquels asseoir son royaume et sa révolution : ceux de l'intellect et de l'intuition. Il n'avait pas encore suffisamment travaillé les deux autres, qui sont si spécifiques au monde humain de la 3ième dimension : les sentiments et les sensations procurées par le corps physique, qui sont essentiels à prendre en compte.

Dans le chapitre à venir, je vous propose de faire un dernier bond, "au-delà du temps et de l'espace", qui nous mettra de façon plus précise en relation avec ceux de la 5ième dimension et leurs vaisseaux, et nous fera rencontrer un guide merveilleux : l'alchimiste Lazarus Bonus, que je considère comme mon père spirituel et que j'ai connu il y a quelques siècles, dans un beau pays de France. Puis, à nouveau grâce à lui, nous bouclerons ce voyage à travers les millénaires en revenant à notre époque où, de nouveau, il m'accompagne – depuis la 5ième dimension...

10 – L'ALCHIMISTE ET LES CIEUX

"Les Nephilim étaient sur la terre en ces temps-là,
et même par la suite".
Genèse (1,6)

COMME UN LOINTAIN ET CHALEUREUX SOUVENIR

Je venais d'arriver dans cette ville où j'allais habiter quelques mois. Je ne connaissais rien de cette ville, croyais-je. Bien sûr, j'avais déjà eu le coup de foudre pour ce magnifique pays de France. Lorsque je découvris ses paysages, je me sentis comme retrouvant mon pays de toujours, le pays de mon cœur, le pays de mes racines profondes. Mais il m'attendait encore de connaître un deuxième coup de foudre...

Je venais donc d'emménager. Mes paquets étant défaits, mes effets les plus utiles étant rangés et mes quelques meubles disposés dans la petite maison que j'avais prise en location, je décidais de partir avec mon intuition pour seul guide. Je me retrouvais très vite à suivre la rive gauche de la rivière par un chemin desservant de façon bien tortueuse des H.L.M. fort peu esthétiques. Que venais-je faire par-là ? Ce chemin portait d'ailleurs un nom étrange qui me renvoyait à la maison de mon enfance. Celle-ci s'est passée dans une grande maison bâtie sur un lieu dit de "la Maladrerie". Or, j'étais en train d'emprunter le "chemin de la Maladrerie". Le lieu de mon enfance s'appelait ainsi car on y hébergeait et soignait les lépreux au Moyen Âge. Il était possible que je découvris un lieu ayant eu une telle vocation. Mais qu'en resterait-il après tant de siècles ?

Bientôt les immeubles firent place aux jardins ombragés. Tout à coup, une extraordinaire demeure m'apparut : elle se dressait là, devant mes yeux, en un lieu quasi confidentiel. D'un coup, l'émotion m'étreignit de façon indicible. "La maison de l'alchimiste", murmurais-je en moi-même. Un bonheur radieux envahissait tout mon être. Comment était-ce possible que cette maison puisse éveiller en mon âme de si belles et puissantes émotions ?

Pressant le pas, je m'approchais. Comme cette maison était belle avec ses fenêtres à meneaux et ses vitraux, et combien singulières étaient ses cheminées pyramidales ou tronconiques, et ajourées, qui s'élevaient bien haut dans le ciel ! Contre ses murs puissants, bâtis en pierre de taille, je pressais mes mains et appuyais mon front. La vibration de ce lieu était considérable ! Je n'en avais jamais ressenti d'aussi forte, hormis en la crypte de l'église d'Orcival. De façon incompréhensible j'avais tant le cœur en fête que j'aurais dansé là, au milieu de la route. Reprenant maîtrise de mes émotions, j'avançais encore un peu pour découvrir à deux cents mètres environ, de vastes amphithéâtres dans les falaises bordant la rivière, et donnant sur des grottes importantes. Ce devait être dans ce lieu que les lépreux étaient consignés au Moyen Âge. Tous les renseignements que je pus recueillir dans les jours suivants confirmèrent cette hypothèse. La belle demeure était bien une maison hospitalière, accueillant les malades et les pèlerins pauvres, cheminant sur le chemin de Saint Jacques de Compostelle.

Je n'eus de cesse de revenir, et de revenir encore, admirer cette merveilleuse maison. Je fis bientôt connaissance avec les propriétaires qui me permirent de la visiter. Je connaissais ces lieux. Je connaissais cette grande cheminée à l'âtre semi-circulaire, dont le taux vibratoire était vraiment fabuleux. Je connaissais cette petite fenêtre à meneaux devant laquelle on pouvait s'asseoir sur des avancées en pierres taillées. Je fis part de mon plaisir de visiter une maison si belle et si bien restaurée. Je pris bientôt congé, ne voulant pas m'incruster. La maîtresse de maison perçut bien mon intérêt. Je pourrais revenir bientôt si je le désirais : ils organiseraient dans deux semaines une journée porte ouverte dans cette maison classée monument historique. Mon âme jumelle allait bientôt me rejoindre. Sans tarder, je l'emmènerai voir ce lieu.

RETROUVAILLES

Le week-end suivant j'entraînai vers ce lieu celle qui allait redevenir – après tant de vies – mon épouse adorée. Je lui parlai de mon sentiment si fort de déjà vu, et de mon impression d'avoir déjà vécu là. Je savais que ce lieu avait été autrefois habité par un alchimiste dont aucun document d'archives ne faisait mention à ma connaissance.

Bientôt nous arrivâmes. Ma compagne confirma le très haut degré vibratoire des pierres de ce lieu. Soudain je perçus une présence invisible très forte, une présence connue au plan vibratoire. L'entité nous encourageait à trouver un lieu plus tranquille afin que nous ne soyons pas dérangés, et pour que nous puissions converser en paix avec l'aide de celle qui m'accompagnait et qui était une grande sensitive.

La journée était belle. L'automne avait pris ses couleurs mordorées. Une forêt voisine nous parut toute indiquée. Alors se firent les retrouvailles.

– Je suis heureux de te revoir mon petit messager ! Qui je suis ? Tu le sais bien puisque tu as reconnu la maison ! Je suis l'alchimiste. Je suis Lazarus Bonus. Mais tout d'abord je dois te féliciter, car tu es en fort aimable compagnie.

Je restais coi. Par bribe des images commencèrent à me revenir. Et puis le Bon Lazare m'envoyait des images télépathiques représentant son apparence d'alors, que je ne pouvais pas ne pas recevoir. Un homme de taille moyenne mais puissant de carrure, aux longs cheveux et à la barbe blanche. Quelle force douce et paisible émanait de lui. Des images me vinrent de cette époque. Je ne devais pas avoir douze ans.

– Tu te rappelles ? Tu étais jeune alors ! Te souviens-tu pourquoi tu étais avec moi ?

Je me voyais vaquer à quelque occupation humble. Mon seul compagnon de jeu était un chien jaune de taille moyenne.

– Tu te souviens du chien jaune qui était toujours dans nos jambes et qui voulait toujours que nous jouions avec lui?

Pour la première fois de cette vie je faisais l'expérience de quelqu'un qui lisait dans mon cœur et mes pensées à livre ouvert. Le Bon Lazare continua :

– Peut-être ne te souviens-tu pas comment tu es venu habiter chez moi ?

Non ! Je ne m'en souvenais absolument pas. Était-il quelqu'un de ma famille d'alors ?

– Non, petit messager ! Nous n'appartenions pas à la même famille. Tu étais né dans une famille de paysans pauvres qui travaillaient sur la colline de Corneboeuf. J'avais besoin de quelqu'un pour me donner un coup de main. Comme je t'ai trouvé très sympathique et débrouillard, j'ai proposé à tes parents de te prendre en charge, et d'assurer toute ton éducation. C'était une aubaine pour un fils de paysan!

Décidément, les souvenirs ne me revenaient pas très aisément. Je me voyais préparant le feu, fier de moi lorsque je réussissais une belle flambée.

– Oui ! Tu m'aidais à tous les travaux de la maison, tu préparais le feu. Très vite tu as appris à préparer les repas. J'avais tant à faire que je n'aurais pu faire tout moi-même. Tu te débrouillais très bien. Le rangement n'était pas ton fort mais, pour le reste, tu me rendais de grands services, petit messager !

Comme il était étrange qu'il m'appela ainsi son "petit messager" !

– Tu portais pour moi des messages !
– Je portais des messages, mais à qui ?

Lazare riait de bon cœur, savourant à l'avance la surprise qu'il allait me faire.

– Mais à ceux qui ne sont pas de ce monde !

Je ne comprenais rien ! Il s'amusait de moi à n'en pas douter.

– C'est très sérieux ce que je te dis. Tu portais des messages à ceux que les hommes ne peuvent voir d'ordinaire, et qui ne vivent pas sur Terre.
– Ceux des vaisseaux ?
– Bien sûr ceux des vaisseaux ! D'ailleurs, j'aurais une autre demande à t'adresser. Comme je n'ai plus de corps physique, il m'est impossible de réaliser ce qu'il serait nécessaire de faire. Tu as remarqué combien le taux vibratoire de la Maison Hospitalière était fort. Elle est située exactement sur un point très important, un sas cosmotellurique. Ce lieu était un lieu très emprunté pour ceux des autres dimensions. Beaucoup de données ont été enregistrées dans ce lieu. Mais ma vie ne fut pas assez longue pour que je puisse tout transmuter, et afin que rien ne puisse être utilisé par ceux des ténèbres. Et puis la puissance de la vibration n'est pas très bonne pour les gens qui y habitent maintenant. Il faut rétablir ce lieu pour le rendre plus conforme. Ceux d'en haut s'en chargeront mais, pour cela, il leur faut un moyen de connexion pour désactiver le lieu. Ce moyen est simple : tu enterreras verticalement un cristal de quartz près de la maison. Plus tôt tu le feras, mieux cela sera.

Nous continuâmes de converser à propos de mon accident et de la nouvelle orientation qu'avait pris ma vie. Bientôt je pourrais habiter dans un autre lieu, mais le moment n'était pas encore venu d'en parler. Il me dit aussi que c'était bien que je lise beaucoup, car cela permettait à ceux du Ciel de connaître ce qui s'écrivait d'intéressant sur Terre. Je fus stupéfait d'entendre cette affirmation, et demandai au Bon Lazare de m'expliquer : cela était bien simple, la nuit, pendant mon sommeil, je venais restituer le contenu de mes mémoires.

– Cela ne m'étonne pas que je me réveille fatigué le matin! m'écriais-je. Le Bon Lazare éclata de rire de nouveau.

– Ce n'est pas pour cela que tu es fatigué. Parfois nous te demandons bien plus. Mais il me faut partir maintenant, nous nous reverrons bientôt. N'oublie pas le service que je t'ai demandé !

Nous étions ravis, et complètement perplexes, mon âme jumelle et moi. N'avions-nous pas tout inventé de ce dialogue, imaginé tout de cette scène en pleine forêt ? Tout cela méritait d'être vérifié et approfondi. Mais nous avions tout l'avenir devant nous pour cela. Reste que je m'étais engagé. Quand même cette affaire serait totalement imaginaire, je tiendrais ce que j'avais promis. Cela m'embêtait bien d'ailleurs. Hormis les rares occasions où j'avais, tremblant de me faire rabrouer, franchi les clôtures des prés avoisinants la propriété de mes parents pour cueillir quelques champignons, jamais je ne me serais permis de pénétrer dans le jardin d'une maison. D'autant que celui-ci était ceinturé de hautes haies...

Mon aimée repartit vingt-quatre heures plus tard. Dans la semaine qui venait, je décidai d'honorer ma "malencontreuse" promesse.

Le jour suivant, je partis en reconnaissance, pour savoir comment je pourrais bien pénétrer dans ce lieu clos de haies et de barrières hautes. Une bonne surprise m'attendait : une affiche annonçant que le week-end suivant, la journée porte ouverte était organisée. Il me faudrait venir avec ces amis médecins qui habitaient non loin et qui ne connaissaient pas ce lieu. Après inspection des environs, je découvris qu'il m'était facile d'accéder jusqu'au bord de la rivière en passant par un jardin abandonné. Il suffisait que je descende au bord de la rive. Chaussé d'une paire de bottes, je devrais bien y arriver. Pour plus de sécurité, il me faudrait venir au milieu de la nuit. Je risquerais moins de me faire repérer.

Un jour passa, puis deux. Le temps était particulièrement pluvieux et ne s'améliorait pas. La fin de la semaine fut bientôt arrivée. Je n'avais toujours pas eu le courage de mener mon entreprise. Je décidai de le faire dans la nuit de samedi à dimanche. Et tant pis s'il pleuvait ! Je me couchai plus tôt que d'ordinaire ce soir-là : cela m'était facile, je n'avais pas la télévision ! Je préparais bottes et vêtements de pluie, et mis mon réveil à sonner pour 4 heures du matin.

À mon réveil je constatais que la pluie n'avait pas cessé. La lune était cachée, et l'obscurité n'en serait que plus propice. Je partis en serrant le cristal dans ma main. Sans difficulté, je parvins jusqu'à la rivière. L'eau était peu profonde, en quelques pas j'arrivai dans le jardin. Fort heureusement il y avait quelques arbres qui faisaient un écran entre la maison et la rivière. J'allai de tronc en tronc, comme on m'avait appris à l'armée, et trouvai, entre les deux arbres que je distinguais dans l'obscurité grâce au réverbère placé au bord de la route, un endroit où enfouir le cristal de quartz. Muni de mon petit outil de jardin, je creusai sans difficulté un petit trou dans la terre détrempée, y posai le cristal bien à la verticale, rebouchai le trou, le recouvris d'épines tombées d'un des arbres, et repartis sans demander mon reste (en formant le voeu que personne ne m'ait vu). Mais cela était peu probable, compte tenu du temps qu'il faisait et de l'heure avancée de la nuit. Je rentrai chez moi ruisselant mais satisfait : ma mission était accomplie. Je n'avais plus qu'à m'endormir du sommeil du juste. Le lendemain après-midi, je retournerais là-bas avec mes amis, pour leur faire découvrir cette maison surprenante.

L'ASSIETTE BABYLONIENNE

Beaucoup de visiteurs étaient déjà arrivés à la maison hospitalière de la Maladrerie. Nous fûmes accueillis par le maître du lieu qui nous souhaita la bienvenue. Il ne sembla pas me reconnaître. Tout était pour le mieux... pour l'instant tout du moins. Nous n'avions pas franchi le seuil que la maîtresse de maison, quittant les personnes qu'elle venait d'accueillir, se dirigea droit sur nous en me faisant signe de la main.

– Figurez-vous que j'ai pensé à vous ce matin très tôt.

Je me sentis devenir blême. Était-ce possible qu'elle m'ait vu ? C'était terrible ! Comment pourrais-je justifier ma présence dans son jardin, au beau milieu de la nuit. J'attendis la suite sans mot dire, le profil bas.

– Il est arrivé quelque chose d'extraordinaire. Venez ! je vais vous montrer.

Je laissai mes amis poursuivre leur visite et je suivis cette dame. Qu'est-ce que cela pouvait bien être ? Elle ne semblait pas trop, cependant.

– Regardez ! dit-elle, en me montrant le mur.

Je ne comprenais pas. Devant mon air ahuri elle poursuivit :

– Rappelez-vous, la dernière fois que vous êtes venu il y avait une assiette ancienne que vous avez admirée, n'est-ce-pas?

Je ne comprenais toujours pas. Elle poursuivit sans plus attendre.

– En pleine nuit, nous avons été réveillés mon mari et moi ("diable ! pensais-je, le temps se gâte"). Il y eut dans la maison une explosion incroyable vers cinq heures du matin. Nous sommes tous les deux accourus pour découvrir que cette assiette ancienne, offerte par ma mère, avait complètement explosé ou implosé. C'est incompréhensible ! Cela fait des années qu'elle était là, sur le mur. Personne n'a jamais vu cela : une assiette exploser toute seule ! Je ne sais pas pourquoi, mais j'ai pensé à vous. Vous m'aviez dit que, dans ce lieu, les fréquences vibratoires étaient très élevées. D'ailleurs, un radiesthésiste m'a récemment dit la même chose. Qu'en pensez-vous ?

Poliment, je dis que je n'avais aucune explication rationnelle à lui proposer, et que je n'avais jamais entendu parler de faits semblables. La dame convint que cela n'était pas bien normal. Quoi qu'il en soit, elle était désolée de cet incident : l'assiette lui avait été ramenée du Moyen-Orient par sa mère, qui lui avait précisé qu'il s'agissait d'une poterie assyrienne (si je me rappelle bien) fort ancienne. À n'en pas douter, cela avait rapport avec mon incursion nocturne, et je m'en sentais quelque peu coupable. Je demanderais à Lazare de m'expliquer. Nous prîmes congé de nos hôtes. La visite plut beaucoup à mes amis, mais moi, j'en repartis interloqué.

Lazare m'apprit que cela était on ne peut plus explicable. Nos amis du ciel avaient désactivé le lieu, afin qu'aucune force adverse ne puisse le repérer et prendre connaissance des informations qu'il n'avait pu transmuter.

LE BON LAZARE

Après nos retrouvailles, et pendant plusieurs années, le Bon Lazare fut notre guide. Avec celle qui devint mon épouse, je ne cessais de remercier pour la grâce qui nous était faite d'être accompagnés par un tel être. Le Bon Lazare était d'ailleurs un "instructeur planétaire"(et il le demeure à un niveau plus élevé désormais). Son rôle, notamment, était d'aider les gens qui souffraient dans des pays écartelés par la guerre ou la dictature. Il entrait en contact avec des personnes qui, localement, avaient des facultés de perceptions extrasensorielles bien développées, et qui avaient déjà fait un bon cheminement spirituel pour entendre, écouter et comprendre ce que certains ne peuvent concevoir même un instant. Bientôt il serait chargé d'une mission sur Terre. Pour la mener à bien il devrait faire, dans la 5ième dimension, une retraite intérieure de plusieurs semaines de notre temps terrestre.

Avant de partir, il nous enseigna chaque jour des choses nouvelles. Avec lui, nous découvrîmes l'importance du feu dans une maison, l'importance de la lumière et de l'air, l'importance de la contamination des objets chargés d'informations négatives. Il nous parla quelquefois de nos origines communes, et surtout des vaisseaux de l'Éther avec lesquels il était constamment en rapport. Il nous apprit à faire des feux rituels et à célébrer les Équinoxes et les Solstices. Il nous enseigna l'usage purificatoire ou médicinal de certaines plantes. Il nous expliqua comment nous protéger des contaminations psychiques et mentales et à bien identifier les entités négatives, notamment désincarnées, et surtout agissantes en lune noire. Avec lui, en décorporation, nous allions participer aux fêtes rituelles des Indiens d'Amérique car, ensemble autrefois, mon épouse et moi avions été Indiens lors de plusieurs incarnations, et lui également. Chemin faisant nous retrouvions des pans entiers de nos mémoires. Nos vibrations s'élevant, nos perceptions extrasensorielles devenaient de plus en plus fines...

Mais toute médaille comporte son revers : nous devenions des cibles recherchées par ceux de l'*ombre*. Dans nos âmes et dans nos corps des "portes" – des failles – restaient ouvertes, qui furent employées sans relâche. Certaines attaques furent terribles, et nous laissaient des semaines entières égarés, inquiets et stressés, "pompés" radicalement, avec des facultés de concentration littéralement volatilisées. Tous les relais possibles, vivants ou inanimés, humains et non humains, furent utilisés afin de nous faire perdre pied : nous devenions des ancrages trop solides en tant que serviteurs de la Lumière – les entités de l'*ombre*, incarnées ou non, ne pouvaient le tolérer. Heureusement, la grâce divine nous protégeait! Et puis, nous devions nous endurcir. Nos compagnons des 4ième et 5ième dimensions laissaient passer les attaques et les épreuves que nous pouvions supporter. Mais, toujours, la Grâce fut pour nous la plus forte. Chaque fois la Lumière et tous ceux qui la servent, nous venaient apporter aide, soins et réconfort.

Il est difficile de dire à quelqu'un, même de très ouvert, ce qu'il ne peut concevoir ou croire. Sans doute a-t-on pu lire dans ce livre des choses difficiles à admettre. Mais ces choses ne sont rien en regard de l'immensité et de la profondeur du monde spirituel. Chacun s'y dirige à son pas, et chacun peut en prendre la mesure, pour autant qu'il soit prêt.

Presque quotidiennement le Bon Lazare venait nous voir. C'était au moment privilégié des repas que nous pouvions converser avec lui. Il venait, dans l'apparence du vieux sage, s'asseoir sur le tabouret à trois pieds – sa "bancelle" – qu'il apportait avec lui. Nous nous rappelions de certains souvenirs : notre ami le forgeron qui parlait si souvent des "gueuses" (c'est-à-dire les femmes qu'il appréciait tant) ; la petite harpe posée sur le rebord de la fenêtre et qui faisait un si joli son au coucher du soleil lorsque les cordes se détendaient d'elles-mêmes ; nous disions alors que c'était ses rayons qui jouaient de la harpe. Nous parlions des plantes qu'il m'envoyait cueillir. Bien sûr, lorsqu'il nous honorait de sa présence subtile, nous lui préparions une assiette en disposant dedans quelques morceaux choisis. Ainsi, il nous disait notamment beaucoup aimer les pommes de terre qu'il nous encourageait vivement à manger "en robe des champs, mais surtout sans les dévêtir". Parmi toutes les boissons, sa préférée était l'hydromel. Mais il aimait beaucoup un bon vin rouge, accompagné d'un fromage de chèvre. Nous plaisantions souvent de constater que son assiette et son verre restaient intacts, en dépit de sa sobre mais belle gourmandise !

Bien sûr, je ne cessais alors de le questionner sur toute chose. Ses réponses ne venaient que lorsque j'étais prêt à les entendre. Jamais il ne chercha à nous influencer à propos des choix concernant notre cheminement personnel. Un jour il partit, nous prévenant qu'il reviendrait, mais ne pouvait savoir quand. Effectivement il nous revint deux ans plus tard, et il continue de nous revenir lorsque nous l'invitons télépathiquement à nous éclairer dans une situation très délicate.

Après qu'il nous eut quittés, nous apprîmes, par ceux de l'Éther, qu'il avait pris un corps d'emprunt pour aider les habitants de Tchetchénie, harcelés par l'armée russe. Un être, très élevé spirituellement, lui avait fait momentanément don de son corps physique pour qu'il puisse s'incarner en devenant un "walk-in". Quelquefois, lors de certains rituels druidiques, il venait nous rendre visite en esprit. D'autres fois, il venait nous demander d'aider les combattants tchétchènes à ne pas perdre espoir. Ainsi nous passâmes avec eux la Fête de Noël en dédoublement. Parmi tous ceux qui étaient là, ce sont les femmes qui semblaient les plus vaillantes. Nous entendions les obus exploser, et cependant elles continuaient de chanter en entraînant les hommes harassés par les combats. Avec eux tous nous chantions. Certains même se mirent à danser comme savent le faire les slaves... Tard dans la nuit nous restâmes avec eux. Peu à peu, chacun s'endormit, allongé à même le sol ou effondré sur la table. Jamais nous n'avions passé de Noël si mémorable, et si tragiquement humain.

Depuis, le Bon Lazare a repris d'autres missions de par le monde, et assume de nouvelles responsabilités plus étendues et plus élevées au plan planétaire. D'autres guides vinrent ensuite nous enseigner et continuent de le faire merveilleusement, en fonction de notre disponibilité et de la leur. Qu'ils soient assurés de notre immense gratitude! Cependant, dans notre cœur, le Bon Lazare demeurera celui qui nous ouvrit les yeux sur les dimensions invisibles, en nous initiant progressivement à la façon d'éviter toutes les embûches qui pouvaient se présenter. Pour nous, il est plus que notre père. Sans ces retrouvailles spirituelles ce livre n'existerait pas.

Puissiez-vous, cher lecteur, rencontrer de tels êtres sur votre route... Ces êtres existent, y compris incarnés ! Nous en avons rencontrés. Leur signe distinctif : la plus humble discrétion et beaucoup d'humour.

Mais peut-être seriez-vous intéressé d'en savoir plus sur cette énigmatique maison hospitalière dans laquelle œuvrait un alchimiste avec, pour seule aide, son petit serviteur, son “petit messager”.

UNE "QUADRUPLE" VIE.

L'alchimiste partageait son temps en de très nombreuses et importantes activités. Et, si ma mémoire est fidèle, ce n'est pas à son athanor qu'il passait le plus clair de ce temps, le jour tout du moins. Mais à quoi s'activait-il ? Et en quoi constituaient ses "quatre" vies.

En tout premier lieu il avait en charge un maison hospitalière. Elle était en dehors de la ville, mais dépendante de l'hôpital de celle-ci. De plus, elle était située à une cinquantaine de mètres de la route qu'empruntaient les pèlerins se rendant à Compostelle.

Le maître des lieux avait donc pour double vocation d'apporter soins et réconfort aux lépreux vivant tout près et de recevoir ceux qui avaient besoin de soins légers, notamment les gens des campagnes avoisinantes. Il offrait enfin un hébergement pour la nuit aux pèlerins cheminant vers Compostelle. L'hiver, dès la tombée de la nuit, de grands feux de cheminées étaient faits, qui illuminaient l'intérieur de celles-ci. Étant ajourées, elles constituaient comme un fanal pouvant être vu d'assez loin, lorsque les flammes étaient hautes et claires. L'une de mes tâches était d'alimenter ces feux.

La guerre de Cent Ans avait commencé à faire ses ravages en France, et tout particulièrement en bordure des contrées avoisinantes qui étaient possessions anglaises. Pour cette raison, les pèlerins étaient peu nombreux et le Bon Lazare pouvait se consacrer à son travail d'alchimiste.

Il fallait toujours que l'un d'entre nous restât pour "garder" le lieu. Bien évidemment, c'était le Bon Lazare qui effectuait, quasi en permanence, cette garde. Aussi m'envoyait-il chercher toute chose dont il avait besoin, et notamment les plantes utiles à réaliser tous les remèdes qu'il employait : décoctions, baumes, onguents, teintures et élixirs de toutes sortes. Ses hautes compétences d'alchimiste lui permettaient de mettre au point des remèdes qui faisaient miracle. Sa renommée était grande. Avec un dévouement sans égal, il soignait tous ceux qui en avaient besoin. Aussi fut-il appelé Lazarus Bonus – et la fontaine du lieu baptisée Fontaine de Lazare. Néanmoins, la proximité des lépreux faisait peur et, bien souvent, de longues journées passaient sans que nous recevions de visiteurs.

Mais vous vous demanderez sans doute ce que pouvait bien être la "4ième" vie du Bon Lazare. Ce n'est que dans cette présente existence qu'il m'a été donné de le comprendre. Elle était en rapport avec le fait qu'il m'appelait son "petit messager". Qu'en était-il ?

En certaines périodes – qui correspondaient toujours à la pleine lune – il m'envoyait en barque sur le fleuve, après m'avoir remis un petit coffre en pierre claire. Dans ce coffre se trouvait un objet en forme de dôme avec quelques facettes à son sommet. Sa couleur était gris anthracite. Au jeune garçon que j'étais, il me racontait une charmante histoire, en guise d'explication – que j'avais d'ailleurs peut-être créée de toutes pièces dans mon imaginaire d'enfant. Il me disait qu'un petit oiseau invisible avait pour nid ce petit dôme, et qu'il fallait le libérer pour qu'il puisse aller voir la lune, quand il ferait nuit. Cette histoire me plaisait beaucoup et je tenais à m'acquitter de ma tâche le mieux possible. Je devais remonter la rivière jusqu'à ce lieu où les collines s'évasent largement. Alors je devais, pour autant que je m'en rappelle, ouvrir le petit coffre et compter jusqu'à cent avant de le refermer. Je devais compter aussi longtemps, parce qu'il se pouvait que l'oiseau invisible soit encore un peu endormi, et qu'il ne sorte pas tout de suite. Pour le faire sortir, je devais faire tourner le dôme sur lui-même, pour qu'une porte s'ouvre, elle-même invisible. Après avoir compté, je devais la refermer de même.

Quelle étrange activité ! L'enfant que j'étais ne s'interrogeait pas : le Bon Lazare savait tant de choses que les autres personnes ignoraient... Or, il en savait bien plus que je n'eusse pu jamais l'imaginer.

Il m'envoyait au milieu de la rivière, activer un petit émetteur. Mais cela n'existait pas en cette époque, me direz-vous. Certes, les hommes ne découvriront la possibilité de communiquer par les ondes que bien des siècles plus tard. Néanmoins, c'est bel et bien un petit émetteur dont je devais me servir, et qui avait été apporté par des entités "d'outre espace".

UN LIEU À LA VOCATION INCROYABLE

Avant tout chose, qu'il me soit donné de remercier le Gardien des annales akashiques éthériennes. En effet, celui-ci me permit d'accéder à des informations que ma mémoire n'aurait jamais pu me fournir, puisqu'il s'agissait de faits dont je ne pouvais avoir aucune idée. Le Bon Lazare m'avait en effet soigneusement tenu à l'écart de tout cela. Car j'avais la langue bien pendue et je n'aurais pas manqué de parler à notre ami le forgeron notamment, et peut-être à mes parents que j'allais voir assez souvent, des faits incroyables que je vous donne maintenant à découvrir.

L'émetteur que le Bon Lazare m'envoyait activer au beau milieu de la rivière, était un signal permettant de prévenir les Éthériens des vaisseaux stationnés dans la 5ième dimension, que la voie était libre. Mais quelle voie ? Le sous-sol de la maison était en bordure de la rivière. Lorsque les crues étaient très hautes, il pouvait arriver que la cave, taillée en pleine roche, soit inondée. Aussi m'était-il formellement interdit de m'y aventurer. Or, cette cave donnait elle-même sur une vaste salle souterraine, dont l'accès était gardé par une lourde porte en chêne, toujours fermée à clé (ce passage est aujourd'hui refermé par un mur en maçonnerie, je crois). Et cette salle était le lieu où venaient se matérialiser ceux qui devaient effectuer une mission sur Terre !

Parfois, j'avais été étonné de voir certains hommes de haute stature, et que je n'avais jamais rencontrés auparavant, s'adresser au Bon Lazare avec bienveillance et autorité. Je pensais qu'il s'agissait de personnages importants. Le Bon Lazare me présentait toujours à eux comme étant son "petit messager". Ce que je ne comprenais pas bien et que j'assimilais au fait de faire les courses dont il avait besoin.

En fait, il avait aussi besoin de moi pour se rendre disponible aux Éthériens qui venaient se matérialiser. Pendant ce temps, je "gardais" la maison hospitalière, et d'autant mieux que je n'étais pas peu fier de la responsabilité qui m'était confiée. Le chien jaune me tenait compagnie, et je m'étonnais de le voir tout à coup nerveux, sans raison croyais-je. Mais les animaux perçoivent aisément ce que nous sommes d'ordinaire incapables de percevoir. Cette salle souterraine était donc un sas véritable entre la 3ième et la 5ième dimension, rendu opérant grâce à la haute qualité vibratoire du lieu. Ainsi, plusieurs fois dans l'année, des Éthériens venaient se matérialiser sous une forme complètement humaine, difficile à différencier des autres personnes de l'époque.

C'est pour moi un signe de grande confiance que celui de me permettre de révéler un fait quasiment inconnu, hormis de quelques initiés : de tous temps, et dans tous les pays où cela était nécessaire, les terriens (les Français donc) furent visités par les Éthériens venant d'autres dimensions. Et, tout particulièrement, ce fut au temps des mérovingiens, lorsque nos rois de France étaient eux-mêmes de descendance éthérienne. Je vous invite à vous reporter à l'étonnant livre de Gérard de Sède "La race fabuleuse"[1], ayant pour sous-titre "extra-terrestres et mythologie mérovingienne". Vous y trouverez notamment le commentaire suivant du marquis de B :

N'avez-vous jamais lu dans la Genèse (1,6) l'étrange épisode des Nephilim qui dérange tellement les exégètes ? Le mot hébreu Nephilim signifie littéralement "les Tombés": "Lorsque les hommes commencèrent d'être nombreux sur la face de la terre et que des filles leur furent nées, les fils de Dieu trouvèrent que les filles des hommes leur convenaient et il prirent

---

1 La race fabuleuse, Gérard de Sède, Éditions J'ai lu, Paris, 1973.

pour femmes toutes celles qu'il leur plut. Yahvé dit : "Que mon esprit ne soit pas indéfiniment humilié dans l'homme, puisqu'il est chair ; sa vie ne sera plus que de 120 ans". Les Nephilim étaient sur le terre en ce temps-là, et même dans la suite, quand les fils des Dieux s'unissaient aux filles des hommes et qu'elles leur donnaient des enfants; ce sont ces héros du temps jadis, ces hommes fameux.

Le marquis de B poursuit son explication en ces termes :

Ainsi la Bible mentionne la présence sur la terre d'êtres vivants venus d'ailleurs (les "fils des dieux", les "tombés") et leur croisement avec la race humaine dont les produits furent des géants. Elle nous donne d'importantes précisions : 1°) Ces extra-terrestres visitèrent la terre à une époque où l'espèce humaine était déjà répandue. 2°) Leur croisement avec l'espèce humaine provoqua un abaissement de la longévité de celle-ci. 3°) Les produits du croisement, ou du moins quelques-uns d'entre eux, ont subsisté alors que les hommes ne vivaient plus que 120 ans.

Si vous êtes intéressé à découvrir le reste de ce livre passionnant, il vous confirmera, s'il en était besoin, que ceux qui viennent d'au-delà notre Terre nous accompagnent depuis des temps immémoriaux et qu'ils occupèrent, eux ou leur descendance, des postes clés dans les affaires des hommes : tels les rois mérovingiens. Mais j'ajouterai : tels les Templiers ou encore les hommes aussi exceptionnels que Michel Nostradamus.

Or, les mémoires auxquelles il m'a été donné d'avoir accès comportaient notamment un événement que je voudrais maintenant relater, et qui peut-être éclairera d'un jour nouveau les fabuleuses facultés de Nostradamus.

LE NÉPHILIM NAUFRAGE

Afin que je puisse relater l'événement extraordinaire qui survint cette nuit-là à la Maladrerie il m'a été permis, par le Gardien des Mémoires, d'accéder aux annales akashiques pour y découvrir les faits que je vous laisse maintenant découvrir.

Le "petit messager" dormait à poings fermés. Il était de cet âge où rien ne vous réveille. Pourtant, une navette triangulaire allait bientôt se matérialiser tout près de la maison. À son bord, trois cosmonautes. L'un d'eux était un véritable géant que l'on venait déposer sur Terre pour une mission d'importance. Celle-ci était une mission d'enseignement à laquelle devaient participer plusieurs êtres qui viendraient par la suite. Le premier temps de cette mission était de rechercher des lieux d'une qualité vibratoire spécifique requise, en différents pays d'Europe, afin que des enseignements y soient prodigués par ses futurs "collègues". Ensuite, il serait nécessaire de "stocker en mémoire" les informations auxquelles ces enseignants viendraient puiser, lorsque les temps seraient venus pour les hommes de les comprendre. En attendant ces temps, un travail de sensibilisation serait fait par ce missionné.

Mais cette mission eut été un coup terrible porté aux entreprises de subversions des forces des ténèbres. Il fallait empêcher cet être de débarquer parmi les hommes. La petite navette triangulaire, arrivée au-dessus du pré situé en face de la maison hospitalière, commença les procédures de matérialisation dans la 3ième dimension. À peine celle-ci allait-elle être engagée, qu'une attaque destructive fut lancée par un vaisseau de ceux de l'*ombre*. Un seul des trois occupants put en réchapper en se matérialisant : le géant. Sa taille dépassait de beaucoup celle des hommes les plus grands de la Terre.

Lazare, qui attendait cette visite, fut alerté par le bruit. Très vite il fut sur les lieux, très proches. Dans les débris, le géant vivait encore revêtu de son scaphandre semblable à ceux si bien représentés par les peuples mayas, mais il gisait inconscient. Le Bon Lazare, sans perdre un instant, courut chercher l'aide du forgeron, son seul ami. Il lui fit promettre, sur la Sainte Bible, de garder le secret absolu sur tout ce qu'il allait voir et faire. Mais il avait besoin de lui, séance tenante, et de sa charrette. Le forgeron était un homme de grande confiance, jamais il ne trahit la parole donnée.

Avec grand peine, ils hissèrent le titan sur la charrette et l'emmenèrent dans la salle souterraine, où il fut assis sur une sorte de siège qui se trouvait là. Comme la vision qu'il m'a été donné de contempler de cet être, était imposante ! Mais le géant ne se réveillait pas. Le Bon Lazare était inquiet car il voyait bien que cet être était en grand danger. Il fallait que ceux de l'Éther lui viennent en aide pour secourir le titan. Pour cela il devait, immédiatement, les prévenir au moyen d'émetteur. Mais il eut bien grand mal à s'en servir. Les brouillages effectués par ceux de l'*ombre* rendaient la communication quasi impossible : ils ne voulaient, à aucun prix, que cet être puisse être sauvé et mène à bien sa mission.

Le Bon Lazare put de nouveau mesurer combien les forces adverses étaient mauvaises et dangereuses. Systématiquement les connections étaient brouillées. Mais, en dépit de ceux de l'*ombre*, il parvint à alerter le vaisseau. Immédiatement, des Éthériens furent téléportés. Je pouvais les voir, dans les visions qui me furent données lors de ma lecture des annales, s'activer autour du géant dans leurs formes diaphanes, hautes et légères. Leurs soins portèrent leurs fruits car le géant ouvrit les yeux, reprenant progressivement conscience.

Bientôt, il fit comprendre au Bon Lazare et à l'honnête forgeron de le laisser seul. De sa bouche sortirent des vibrations qui vinrent engraver dans les roches les informations et les prédictions qu'il était venu apporter aux hommes de ce temps. Même s'il se rétablissait totalement, il ne pourrait se montrer aux hommes avec cette apparence physique. Jamais un géant ne serait écouté. Il désirait qu'on l'écoutât afin de sensibiliser les hommes à recevoir les enseignements et les prédictions qui leur étaient destinés. Au moins aurait-il effectué la seule partie de la mission dont il avait été chargé, et qu'il pouvait encore réaliser dans cet état.

Il ne m'a pas été donné d'apprendre ce qu'il advint par la suite de ce géant venu de l'espace. Je ne sais pas non plus si d'autres êtres venus de la 5ième dimension purent reprendre la mission qui avait été projetée. La seule chose que je puis vous transmettre est que, de toutes les prédictions apportées par ce géant, toutes se sont réalisées, hormis deux, qui concernent cette fin des temps.

Dans le monde se trouvent différents endroits où furent déposées de telles informations. L'un de ces endroits est celui des grandes pyramides. Les images subtiles ne me furent pas faciles à distinguer et je ne puis dire si quelque chose s'inscrivait dans la roche. Je pense que rien de physique ne s'y trouve traduit. Ces informations ne peuvent être accessibles, je le crains et l'espère, que par des sensitifs de grande élévation spirituelle, capables de réaliser des psychopathotacties* de qualité.

Mais il est prévu que ces prédictions, comme celles, cryptées, de Nostradamus, ne seront découvertes (si elles se réalisent)... que lorsqu'elles appartiendront au passé ou, au mieux, "lorsque les temps futurs seront devenus temps présents". Pour quelle raison, me demanderez-vous? Je n'ai pas de réponse assurée. Je crois que c'est, notamment, afin d'apprendre aux hommes que les destinées de la Terre étaient connues de ceux que certains appellent "les veilleurs", et qui pour moi sont nos Frères de l'Éther, serviteurs de la Lumière. Cependant, d'ors et déjà, nous savons que certaines de ses prédictions ne se réaliseront plus, car "l'aube s'est levée"... En effet, il est clair que ces prophéties ne correspondent qu'à des "fenêtres d'opportunité" qui ne s'ouvrent que lorsque certaines conditions suffisantes sont réunies, en général conditionnées par les comportements des êtres humains. Ces "fenêtres d'opportunité" se referment lorsque, par exemple en ces temps de la "fin", les actions des consciences incarnées désireuses de plus de Lumière sont suffisamment fortes et convergentes.

Déjà, j'ai expliqué que les Serviteurs de la Lumière se devaient de laisser aux hommes leur libre-arbitre, quand bien même celui-ci était utilisé à se laisser abuser par les forces des ténèbres qui, elles, ne répugnent à aucune manipulation. Tout leur est bon pour exercer leur domination et l'étendre, afin de détenir un maximum de serviteurs et de pouvoir. Mais considérons surtout que l'exercice responsable du libre-arbitre permet de faire basculer entièrement ces pouvoirs obscurs. C'est exactement ce qui est en train de se produire sur notre "Planète Bleue" de façon croissante et, espérons-le, de façon déterminante.

ÉPILOGUE

Aujourd'hui, nous habitons un autre lieu que nous pûmes découvrir grâce au Bon Lazare. En ce lieu, tout aussi extraordinaire que la maison hospitalière au plan vibratoire, les contacts que nous avions commencés avec les vaisseaux de la 5ième dimension du temps de nos retrouvailles avec le Bon Lazare, se sont, bien sûr, multipliés.

Au moment où j'écris ce livre, ils sont devenus quotidiens ou pluriquotidiens, et témoignant de cette qualité la plus haute : celle de l'intelligence du cœur. Cette intelligence du cœur porte un autre nom que j'ose à peine écrire tant il est galvaudé, et tant j'en ai souffert dans cette vie et dans bien d'autres sur Terre. C'est le mot, amour. Ce mot, qui se conjugue et se décline de tant de manières si souvent lacunaires, ne peut être pleinement vécu dans sa dimension divine que lorsque la grâce nous est faite de rencontrer notre âme jumelle. Alors ce mot n'en est plus un, paré de quelques merveilles et de beaucoup d'oripeaux, mais il devient une clé permettant de pénétrer dans les mondes fabuleux de la

Conscience Suprême. Pour les découvrir, les feux de l'amour doivent être ceux de l'âme et ceux du corps, fondus en ceux de l'Esprit. Ils pourront être partagés dans les plus humbles moments du quotidien auxquels ils apportent toute sa lumière féconde et toutes ses grâces.

Le Bon Lazare nous dit un jour qu'il ne pouvait nous donner, à mon épouse et à moi, de recommandation plus capitale que celle-ci : "Aimez-vous de tout votre être ! Rien dans tout l'univers n'est plus important. Aimez-vous et tout le reste vous sera donné. Toutes les portes des royaumes du Père nous sont ouvertes si nous disposons de cette seule clé : l'Amour. Seuls les êtres barricadés derrière les murs de leur ignorance, de leur avidité et de leurs pouvoirs illusoires vous diront le contraire, ou vous gratifieront d'une moue méprisante ou amusée. Comprenez seulement qu'ils servent, consciemment ou inconsciemment, d'autres forces que celles de la Lumière. Ils les servent dans la peur et dans la violence qui, toujours, dégénèrent en les ténèbres hideuses de la haine. Alors, rendus aux plus bas degrés de l'inconscience, ils pensent être en droit de juger les autres et de les condamner. Mais à ceux-là, offrons un humble sourire néanmoins. Peut-être, gisant dans un coin de leur âme oubliée, un peu de Lumière sera interpellée qui fera hésiter leurs pas ou s'interroger leur conscience".

Voyons maintenant les réponses qui, canalisées par nous, pourront être apportées aux questions que vous vous posez vraisemblablement, en notre époque si troublée, à propos de ceux qui viennent d'outre-espace et d'au- delà du temps; mais aussi peut-être à propos de notre âme si douloureuse parfois, de notre présence sur Terre et de ce que nous y cultivons, tant bien que mal, dans nos familles et dans nos chapelles, individuellement et collectivement...

RÉPONSES À DES QUESTIONS ACTUELLES

Le problème entre "l'homme intemporel" et le soi,
et l'homme terrestre dans le temps et l'espace,
soulève les questions les plus difficiles.
C.G. Jung, *Ma vie*

La conscience Supérieure ne fait pas de différence
entre les êtres. Chacun pour Elle est l'Élu.
Le Gardien des Mémoires

11 – DU CIEL, DE LA TERRE ET DES HOMMES

Il ne me rentrait pas dans la tête
que la ressemblance avec Dieu
ne dut concerner que l'homme.
G. Jung, *Ma vie*

CES ÊTRES VENUS D'OUTRE-ESPACE

Quel rapport existe-t-il entre les éthériens et ceux qu'on appelle les extra-terrestres (ou les extranéens)?

Il est des êtres qui sont originaires de la Terre et d'autres, nous l'avons vu dans les chapitres précédents, qui sont originaires d'autres planètes, d'autres systèmes solaires, d'autres galaxies et d'autres dimensions. Si nous appelons extra-terrestres ceux qui viennent d'une autre planète que la Terre alors, votre voisin de palier peut en être un. Il peut même être un "walk-in", mais ce ne sera pas marqué sur sa carte de visite. La Terre est un extraordinaire vaisseau-école qui, dans cette partie de l'univers, reçoit des millions d'êtres originaires d'autres planètes et d'autres dimensions. Nous dirons que tous ces êtres sont devenus des "terrestres", pour ceux qui ont pris un corps physique dense.

Parmi ceux-là (dont vous êtes) un grand nombre (quelques millions) sont des "personnels au sol" qui se sont incarnés pour effectuer des missions, consciemment et le plus souvent inconsciemment. Beaucoup sont de simples observateurs, d'autres des scientifiques ou des historiens, d'autres des financiers ou des politiciens. Un grand nombre a des activités fort humbles. Nous les retrouverons dans toutes les couches de la société, toutes les classes socio-professionnelles, toutes les activités humaines. Ils sont simplement, dans leur diversité, comme chacun de vous. Certains font partie de la Famille de la Lumière et d'autres des légions de l'*ombre*. Et parfois certains de la Lumière se font séduire, ainsi que nous l'avons vu dans le premier chapitre, et deviennent des transfuges.

Tout ce qui se passe d'ordinaire entre vos peuples, entre vos races, vos pays, vos hommes politiques, vos religieux, vos scientifiques, vos techniciens, vos économistes, vos enseignants et vos armées, tout autour de la planète Terre, est le reflet de ce qui – sur, dans et autour de la Terre – se passe entre les terriens, les terrestres, les intra-terrestres et les extra-terrestres. Tout se passe sur et dans la Terre "comme au ciel". D'autant que la Terre est un immense carrefour de par sa place exceptionnelle dans ce secteur de l'univers. Elle constitue la bibliothèque vivante d'une extraordinaire diversité d'espèces, appartenant à tous les règnes. De ce fait, elle représente un trésor qui a, depuis des centaines de milliers d'années attisé l'admiration, la compassion ou la convoitise de bien des peuples non terrestres. Aussi la Planète Bleue a-t-elle ses agriculteurs, ses éleveurs, ses enseignants, ses prêtres, ses pilleurs, ses saboteurs, ses gardiens et ses veilleurs – dans toutes les dimensions ! Imaginez combien l'activité humaine peut être intense en certains points de votre planète, à la surface notamment, dans le ciel, de plus en plus, sous les eaux et sous le sol également. Multipliez cela par un facteur 100 et vous aurez un aperçu de l'activité extra-terrestre qui règne autour de vous, dans les différentes dimensions, et le plus souvent de façon imperceptible à vos sens physiques. N'avez-vous pas le sentiment d'avoir "quelquefois" près de vous, des êtres que vous ne percevez pas ? Plus vos 5ième et 6ième chakras seront développés, plus vos facultés de clairaudience et de clairvoyance vous permettront de le percevoir. Alors bientôt vous découvrirez que, dans le lieu le plus désert, dans la nuit la plus profonde, s'activent bien des entités. Et si vos capacités sont un peu développées et que vous ne soyez pas trop "tête en l'air", vous penserez à vérifier, lorsque vous voudrez prendre un siège, que vous n'allez pas vous asseoir sur les genoux de quelqu'un!

Pour répondre de façon synthétique à votre question, nous définirons l'Éthérien comme étant un être de la 5ième dimension, qui y demeure, et qui y accomplit tout son travail. L'extra-terrestre lui, vient d'une autre planète de la 3ième dimension, semblable à celles de notre système solaire. Mais, en fait, il s'est implanté physiquement depuis bien plus longtemps que vous ne le croyez sur votre planète, avec une technologie infiniment plus avancée que la votre.

Or, à propos de ces derniers, une immense conspiration du silence voudrait nous maintenir dans l'ignorance. Et pourtant, cela commence à devenir un "secret de polichinelle". Mais, pour beaucoup de ceux qui liront ce livre, ce que nous allons dire devrait être une sorte de scoop...

Les extra-terrestres, dont on vous rebat les oreilles et dont les O.V.N.I. font quelquefois la "une" de vos journaux et l'objet de débats passionnés, ces extra-terrestres sont des intra-terrestres, implantés sur Terre depuis des temps immémoriaux. Bien sûr, comme l'immense majorité des terriens, ils ne sont pas originaires de la Terre, mais de très lointaines planètes. Leurs activités – dont vous avez nécessairement entendu parler car elles défraient la chronique – se déroulent bien dans la 3ième dimension dont ils sont également originaires. Ils ont trouvé, il y a fort longtemps, votre planète particulièrement accueillante. Là encore, nous les classerons en deux familles : celle de la Lumière que nous appellerons X3 et qui sont d'une totale discrétion, et celle des *petits gris*. Les uns et les autres peuvent se manifester à la surface du sol ou dans les airs, à bord de ce que vous appelez O.V.N.I.. Quelques rares terriens ont pu avoir le privilège de rencontrer les X3, et d'établir des relations avec ces êtres qui œuvrent pour la Lumière et qui coopèrent de façon permanente avec leurs frères de la 5ième dimension. Mais les plus connus sont les *petits gris.*

Il en existe plusieurs espèces. Ils sont en général de petite taille et leur faciès est d'aspect un peu animal. Mais ils peuvent prendre, lorsqu'ils sont parmi vous – au sein de vos gouvernements par exemple – une apparence parfaitement humaine. Lors de leurs voyages autour du globe, ils ont parfois péri dans un accident aérien. Un certain nombre de corps ont été retrouvés (mais dans le lot de ceux qui ont été "dévoilés", certains ont été fabriqués de toute pièce). Or ces êtres ne résident pas d'ordinaire à la surface du sol, mais dans les profondeurs souterraines, dans des bases aménagées sous les calottes glaciaires ou au beau milieu des déserts et, quelquefois, à l'abri de certaines bases militaires de très grands pays[1].

Car, si leur niveau de connaissances scientifiques et technologiques est bien supérieur au vôtre, il n'en est pas de même pour leur niveau d'évolution spirituelle ou morale. La survie de leur espèce étant menacée au plan génétique, ils viennent rechercher, dans les rayons de la bibliothèque vivante universelle que constituent toutes les espèces de la faune et de la flore terrestres, des informations codées dans les filaments d'ADN des corps biologiques, animaux et humains, qui leur permettront peut-être de pallier leur dégénérescence. Pour ce faire, ils ont contracté alliance avec certains de vos gouvernements en échange de quelques miettes de leurs connaissances scientifiques et techniques avidement souhaitées par vos politiciens et vos militaires. Les intrications sont immenses entre certains de vos gouverne-

1 L'une des plus connues est sans doute la zone 51 du désert du Nevada où est implantée une base militaire ultra secrète : celle où sont construits les avions furtifs Lockheed F-117 Nighthawk à la technologie "très particulière" (l'écho radar du F-117 est d'environ un centième de mètre carré – celui d'un pigeon- pour 106 m2 de surface alaire). La collaboration entre les intraterrestres *petits gris* et les militaires terrestres porte des fruits redoutables... mais c'est vous et moi qui sommes pris pour des pigeons!

ments, aux plans économiques, financiers, politiques et militaires[1].

Enfin, il est un autre type d'entités que nous devons mentionner et qui nous viennent, eux, de la 5ième dimension : ceux que nous avons déjà nommés "les saboteurs", qui ont vraiment fait main basse sur la planète afin d'en faire leur terrain de jeu privé, il y a bien des éons de cela. Ils ont, pour la protéger à la manière dont certains propriétaires terriens entourent leurs terrains de fils barbelés pour empêcher des visites inopportunes, entouré la Terre d'une manteau électromagnétique infranchissable empêchant, dans le principe, toute pénétration extérieure en provenance de la 5ième dimension ou de la 3ième. C'est la raison pour laquelle vous n'avez pu percevoir jusqu'à présent – sauf de très rarissimes exceptions au cours des âges – des vaisseaux de la 5ième dimension matérialisés dans la 3ième. Ils ne se manifestent aux humains que sous une forme lumineuse et rayonnante, comme ces "chariots de feu" dont parle la Bible. Du fait également de ce manteau électro-magnétique les extra/intraterrestres (les petits gris), dont l'arrivée était antérieure, furent piégés et contraints de rester sur Terre et de se dissimuler après de terribles batailles aériennes, dont certains textes sacrés indiens très anciens se sont fait l'écho. Pour cette même raison, il fut pratiquement impossible aux êtres venus d'autres planètes ou d'autres dimensions d'apparaître sur la Terre avec leurs vaisseaux. Par contre la planète est constamment surveillée, dans ses moindres recoins, par des milliers de vaisseaux stationnés dans l'Éther – que ces vaisseaux soient ceux des "saboteurs" ou bien ceux des serviteurs de la Lumière.

---

1 Vous trouverez des informations fort intéressantes à ce sujet dans deux petits livres parus chez Louise Courteau, éditrice : *Le gouvernement secret* (ou L'origine, l'identité et le but de MJ-12), de Milton William Cooper, et *Opération Cheval de Troie* (ou la Terre aux mains des petits gris). Lisez ou relisez : *La conspiration cosmique*, de Stan Deyo, aussi publié chez Louise Courteau, éditrice inc., D.G. Diffusion (Toulouse, France)

Naturellement, de tout cela, aucun livre d'histoire ni aucun communiqué officiel ne fait mention. Or, les temps se sont ouverts où apparaîtront de plus en plus de données, vraies et fausses, sur cet immense problème et sur cette conspiration inouïe du silence. Mais surtout la Lumière, pouvant parvenir de plus en plus jusqu'à nous par les effets de l'augmentation de la fréquence des champs électro-magnétiques, fera refluer l'*ombre* et démasquer tous ceux qui s'y tapissent.

Avant toute chose, le plus important est que vous puissiez, par un travail sur vous-mêmes et sur vos mémoires, éveiller vraiment votre conscience et vos facultés interdimensionnelles afin d'explorer mondes et dimensions et faire, personnellement, le partage de l'*ombre* et de la Lumière, en vous et autour de vous. Car des temps viendront, très proches, où vous devrez exercer votre faculté de discerner ce qui apparaît être une réalité tangible et ce qui en est vraiment une, ce qui est une vraie information de ce qui est une tromperie[1].

Pourquoi tous ces faits ne nous ont pas encore été vraiment accessibles ?

Les désinformateurs, que nous pourrions encore appeler les saboteurs, ont fait un considérable travail visant à semer le confusion la plus profonde afin que vous ne sachiez pas ce qui se trame “dans votre dos”, au-dessus de vos têtes ou sous vos pieds, et surtout à votre propos. Il est évident qu'il n'est pas souhaité par la majorité de ceux qui détiennent les pouvoirs politiques, financiers, médiatiques, militaires et scientifiques, que vous y compreniez quelque chose, que vous y voyez et entendiez clair, que vous soyez conscients de ce qui se passe. Vous ne pourriez plus alors être manipulés, car vous sauriez *qui est qui*, spontanément.

---

1 À ce propos, je vous invite à vous reporter au livre : *Les messagers de l'aube*, de Barbara Marciniak, publié par les éditions Ariane. Nos frères de l'Éther ont pu estimer que les informations données par ce livre étaient justes à 94%.

Le pouvoir que l'on exerce sur vous est établi par la crainte, les émotions de peur qui peuvent être suscitées en vous, afin que, comme les autruches, vous vous enfouissiez la tête dans le sable pour ne pas voir ce qui se passe alentour. Pour cela, on vous décrit les êtres venus d'ailleurs comme autant d'entités terribles, de monstres plus ou moins maléfiques, assoiffés de puissance, dotés de pouvoirs terribles et bardés d'armes hyper sophistiquées... de quoi vous inviter à filer tout de suite vous cacher sous votre couette.

Il est vrai que nombre d'entités venues des autres mondes ou d'autres planètes et d'autres dimensions, n'ont pas nécessairement forme humaine. D'ailleurs vous avez pu être ces êtres-là en d'autres temps, d'autres dimensions ou mondes et cependant avoir œuvré dans les rangs de ceux de la Lumière.

La bonne nouvelle que nous voudrions porter à votre connaissance est la suivante : la coiffe de ténèbres (ce barrage électromagnétique dont nous parlions plus haut) qui a été tressée par les saboteurs autour de votre globe est, enfin, en train de se distendre grâce aux efforts conjugués des vaisseaux de la Flotte de la Confédération Intergalactique de la Lumière. De véritables informations, nous vous le répétons, vont pouvoir vous parvenir en plus grand nombre pour faire éclore, dans votre cœur d'abord, puis tout autour de votre planète merveilleuse, des fleurs de Lumière, d'Amour, de Paix, d'Harmonie et de Connaissance. Il faudra encore bien des combats pour cela, et d'abord ceux de l'information et de la vérité – en vous-même d'abord – afin de faire refluer l'*ombre*, de la purifier et de la transmuter en information Lumière et dégoûter définitivement ceux qui ne se nourrissent que de pouvoir et de peur.

Quels rapports ces êtres venus d'ailleurs entretiennent-ils avec l'*ombre* et avec la Lumière ?

Nous avons déjà abondamment répondu à cette question. Mais nous voudrions, avant de poursuivre, vous rappeler ceci : de toutes les dimensions, des nuées d'êtres viennent vous tendre la main, par delà l'obscurité, pour vous inviter à venir vers la Lumière. Ces aides sont apportées par ceux qui, dans leur infinie sagesse, considèrent les vertus de respect, de discrétion, d'humilité, d'obéissance et de service comme les plus hautes et les plus sacrées. Vous ne verrez point leurs vaisseaux faire irruption dans votre monde de la 3ième dimension. Du moins pas tout de suite, et pas sans en avoir informé télépathiquement ceux qui peuvent recevoir leurs messages. Leur présence est perceptible à partir de certaines indications, notamment lumineuses, ainsi qu'elles ont été décrites dans ce livre. Plus vous vous ouvrirez à la Lumière et plus vous percevrez, où que vous soyez, leur présence. Ces vaisseaux, ces présences, sont ceux de l'Éther de la 5ième dimension, provenant de tous les points de ce système solaire et de cette galaxie, et de plus loin encore.

Et puis il y a ceux de l'*ombre*, qui sont "restés à la porte du ciel" ou qui en sont sortis, et qui demeurent là, sur ou autour de la Terre, se cramponnant ferme à ce qu'ils considèrent comme leur possession, au point de ne vouloir en être "décrochés".

Dans les mois et les années à venir, vous assisterez donc à de nombreux bouleversements et remaniements qui vous permettront de découvrir ce qui, jusqu'à présent, vous a été voilé et qui n'était connu que de quelques initiés, contemplatifs ou méditants. Mais les actions les plus pernicieuses seront d'abord celles des désinformateurs. Travaillez en vous-même, dans le secret de votre science intérieure, vos facultés de discernement afin de séparer le bon grain de l'ivraie, parmi toutes les informations qui affluent de toutes parts. Celles de vos médias, qui sont tant prisées, sont les moins fiables habituellement. Sachez vous en remettre à vous-même, et surtout pas à ceux qui affirment haut et fort qu'ils détiennent vérité et objectivité. La véritable information est comme la Lumière : elle est humble comme elle, et pourra vous venir d'un murmure du vent, d'un éclat sur une pierre, du cri ou du chant d'un oiseau, d'un scintillement d'étoile, d'un regard de votre animal favori, d'un froid sur la peau ou d'une immense impression de douceur et de paix. Écoutez votre cœur. Vous ne pouvez le faire en laissant la télévision envahir de ses clameurs vos yeux, vos oreilles et votre tête. Apprenez à distinguer l'*ombre* de la Lumière, en vous et autour de vous. Alors pourrez-vous faire la différence entre les Éthériens et les extra/intraterrestres et, parmi eux, entre ceux de l'*ombre* et ceux de la Lumière.

CONTACTS AVEC CEUX VENUS D'AILLEURS

Comment pouvons-nous établir ces contacts ?

Nous ne parlerons pas des contacts avec les *petits gris*. Beaucoup de livres ont déjà été écrits à ce sujet à partir des nombreux témoignages d'êtres humains qui ont vécu des contacts télépathiques ou formels. Nous préférons d'abord vous parler de nos Frères, les X3, incarnés dans la 3ième dimension et qui œuvrent sur Terre dans la sagesse, le respect et l'amour de la vie. La plus simple façon de les contacter est de le faire télépathiquement, comme pour nous. Ils vérifieront avec soin votre qualité et votre crédibilité, et apprécieront vos potentialités afin de déterminer s'il est opportun de poursuivre ce contact.

En fait, c'est à partir de la 5ième dimension que vous pourrez le mieux, en état d'expansion de conscience, entretenir télépathiquement des relations avec eux, notamment à partir de ces hauts lieux cosmo-telluriques où, de tous temps, des activités spirituelles et des enseignements sacrés se sont déroulés. Il est préférable que ces lieux soient restés à l'état de nature car, trop souvent, lorsqu'ils sont devenus des lieux de cultes religieux pour le plus grand nombre, des pollutions psychiques intenses ont pu s'y développer.

Vous pourriez d'ailleurs établir ces contacts à partir de vos propres demeures. Mais ces Frères de la Lumière préféreront venir vous rencontrer, à partir de la 5ième dimension, dans des lieux naturels, dégagés d'informations ou de mémoires lourdes et nocives. En effet vous aimez, le plus souvent, vous entourer d'objets auxquels vous êtes attachés. Cela est bien compréhensible. Mais ces objets auxquels vous êtes liés vous attachent en retour. Ces objets, dans l'éther réflecteur, conservent toute la mémoire des événements, charges émotives, pensées ou intentions dans lesquels ils furent immergés. Ces charges sont parfois intensément négatives d'autant que, le semblable attirant le semblable, des entités de même acabit peuvent s'y trouver accrochées. Pour les mêmes raisons qui conduisent à faire un ménage approfondi de sa demeure en nettoyant, en aérant les pièces et en faisant pénétrer la lumière, il est important que vous ayez vous-même procédé à des ablutions véritables et complètes. Un bon bain est encore le mieux. Puis, vos corps physique et subtils dépollués, il est souhaitable que vous revêtiez des vêtements propres également, et clairs si possible (le blanc est naturellement le plus approprié). Il faudra ensuite pacifier votre mental pour accéder, par le moyen de votre véhicule de conscience, à la 5ième dimension. À partir de cette dimension, vous pourrez entretenir toutes les communications souhaitables, dans la mesure où vous serez vous-même dans l'ouverture, la positivité, le respect et l'humilité. Ceci étant dit, les personnes un peu entraînées peuvent avoir des contacts en toutes circonstances, en tout lieu, et dans n'importe quel état... dans la mesure, précisément, où ils peuvent s'en dégager en élevant leur conscience dans la 5ième dimension.

Bien souvent les X3 sont venus, physiquement, rencontrer et aider les humains. Ils coopérèrent (et continuent de le faire) à la sauvegarde de tout ce qui est sacré, quelle qu'en soit la nature, et que vous appelez quelquefois trésors – que les âmes avides de richesses prennent pour des métaux ou des pierres précieuses. Le trésor le plus sacré est celui de la Vie illuminant le temple de votre corps physique, et celui de toutes les espèces vivantes. Mais il est aussi, ce trésor, celui de vos acquisitions spirituelles, émotionnelles, psychiques et mentales, qui sont les seules que vous pourrez transférer dans les autres dimensions. Si votre désir est sincèrement celui de les faire croître dans plus de Lumière, afin de revenir vers la Source de toute Lumière, alors ces Frères sont à votre service, comme nous le sommes depuis la 5ième dimension.

Et, de même que vous pourrez entrer en contact avec eux, vous pourrez entrer en contact avec nous, pour les mêmes raisons et dans les mêmes conditions. Et, si votre qualité et votre évolution spirituelle le permettent, vous pourrez être reçus à bord de l'un de nos vaisseaux de la 5ième dimension. Mais, au préalable, le contrôle de votre identité sera strict et sera fait à partir des archives centrales. Vous ne serez pas reçus si vous n'êtes pas référencés ou que votre fiabilité n'est pas suffisamment confirmée par les actions que vous avez menées sur Terre au cours de vos vies. Par contre, si vous faites partie (même si vous l'avez oublié en vous incarnant) des "personnels au sol", votre identification sera aisée (et d'autant plus si vous disposez de votre numéro de code). Cette connaissance suppose, en effet, que vous ayez déjà grandement cheminé sur les voies de la conscience et du Service, et que vous ayez, dans cette incarnation, restauré la pleine mémoire de votre appartenance à la Famille de la Lumière.

QUI SONT LES HABITANTS DE LA TERRE ?

Quelle est leur origine ? Comment expliquer leur diversité?

Nous avons déjà, en grande partie, répondu à cette question : la grande majorité des habitants de cette Terre n'est pas d'origine terrestre. Elle provient de tous les secteurs de cet univers, et des différentes dimensions.

Beaucoup de ces êtres venus d'ailleurs, dans leur périple d'évolution autour des mondes, sur différentes planètes de la 5ième et de la 3ième dimension, ont choisi de venir sur Terre pour y apprendre, notamment, à exercer leur libre arbitre et leur responsabilité. Certains se réincarnent depuis des milliers d'années, car cet apprentissage est difficile, et une vie sur terre dure l'espace d'un songe. Cet apprentissage est aussi complexe, car on apprend également, sur la Planète Bleue, à vivre dans un corps physique dense, dans un monde d'énergies lourdes, en éprouvant toutes sortes d'émotions à gérer, mais encore à se servir d'un ordinateur biologique fort complexe, le cerveau, afin de coordonner au mieux tout cet appareillage extraordinaire des différents corps denses et subtils. Et, du fait également de la diversité des races, des provenances, des cultures et des capacités, la rencontre, le mélange et le métissage, sont une source fabuleuse d'enrichissement et d'évolution... pour ceux qui ont clairement déterminé qu'ils venaient pour croître en conscience et en sagesse, et non en pouvoirs et en possessions. Mais tous se côtoient sur Terre où, bien sûr, la richesse la plus grande que l'on y trouve est constituée par tous les enseignements que l'on en retire par soi-même.

Ainsi, beaucoup d'êtres, de provenances très diverses, sont venus sur Terre pour leur évolution personnelle. D'autres sont venus en tant qu'observateurs, messagers, apprenants, experts, instructeurs, dominateurs, colonisateurs, serviteurs de la Lumière ou mercenaires de l'*ombre*... Chacun des représentants de ces espèces fort différentes, qui ne sont pas nécessairement humanoïdes à l'origine, a apporté des informations génétiques propres à son espèce, à son génie ou à ses limites (certains par exemple, et fort heureusement, n'ont aucune capacité télépathique à l'origine... et ne se sont guère améliorés ; ce qui est tout à fait heureux, car ils font partie le plus souvent des saboteurs).

Et puis, il y a le petit nombre des êtres qui sont véritablement originaires, dans leur patrimoine génétique et dans leur histoire évolutive, de cette planète. Le chapitre 4 décrit succinctement ce que furent, en une région de la planète, certains de ces êtres. Nous dirons qu'ils étaient, ici ou là, les primitifs de la Terre. Nous ne donnons à ce terme aucune acception péjorative. Étymologiquement ce terme signifie simplement "premier". Nous les appellerons donc les premiers terriens, ou terriens primitifs, créés par les maîtres généticiens qui conçurent cette espèce[1]. Mais, ainsi que la Genèse le dit, les filles des hommes étaient "belles", et il y eut bien des métissages qui les rendirent plus belles encore, et plus désirables pour ceux venus d'autres mondes. Désirables pour de nombreuses raisons, dont la première fut de représenter le moyen naturel d'obtenir, de façon agréable de surcroît, la réception et le transfert des codes génétiques spécifiques à une espèce extra-terrestre dans les fabuleuses archives génétiques des êtres humains de la Terre. Et l'avantage de tout cela est non seulement d'avoir cette chance extraordinaire de faire "ses classes" sur la Terre, dans la 3ième dimension, mais encore d'y favoriser un retour. En effet, "les graines" étant semées à partir desquelles d'autres corps appropriés génétiquement peuvent venir au monde, il est possible de disposer de véhicules d'incarnation pour se développer sur la Terre. Par ce processus certains êtres puissants ont pu s'installer sur Terre depuis fort longtemps, afin de faire main basse sur toutes ses richesses. Heureusement pour d'autres encore, et fort nombreux, une incarnation sur cette Terre (bien qu'assombrie par l'œuvre impie des saboteurs) est une occasion formidable de venir développer ses qualités et ses compétences, voire d'en acquérir de nouvelles pour évoluer vers plus de conscience. Cela permet, en se mettant de façon toujours plus élevée au service de la Lumière et de la Source de toute Lumière, de revenir vers

1 Ces maîtres originels étaient de la famille de la Lumière. Après, seulement, parurent les saboteurs, appelés encore les *dieux déchus*.

Elle afin de lui restituer tout ce que l'on aura fait fructifier. Car la parole "croissez et multipliez" ne concerne pas les biens matériels ou les corps physiques, mais bien les richesses spirituelles. Beaucoup d'êtres sur Terre l'ont compris. De plus en plus le comprennent. Mais tous, peu importe leur planète ou leur dimension d'origine, n'ont pas la même évolution spirituelle, nous l'avons dit. Ce qui est une occasion supplémentaire d'accroissement et d'enrichissement : les épreuves, les difficultés, la diversité, renforcent nos aptitudes et les enrichissent !

Depuis bien des millénaires donc, le manteau de ténèbres, la couverture électromagnétique mise en place par les saboteurs, empêchait toute pénétration et tout départ en nombre de la planète, depuis la 3ième dimension. Le seul moyen pour venir sur Terre matériellement, si on est originaire d'une autre planète ou d'une autre dimension, est de prendre un corps physique disponible via la matrice d'une génitrice humaine ! Le nombre de prétendants est fort élevé, de tous ordres, et aux exigences ou attentes très diverses. En toute connaissance de cause, et de conséquences, certains êtres choisissent néanmoins des conditions de vie particulièrement défavorisées, difficiles, terribles même, car c'est pour eux la seule possibilité de venir sur Terre pour évoluer ou pour mener une mission lumineuse ou ténébreuse. Alors, même les moyens les plus aléatoires peuvent être bons, si l'on peut s'établir sur Terre. C'est d'ailleurs pour cette raison que les conditions de vie dans lesquelles se déroule une grossesse sont si importantes. Plus ces conditions seront favorables, plus elles seront lumineuses, paisibles, belles et bonnes, plus les êtres qui les choisiront (toutes questions de niveau social, culturel et ethnique mises à part), seront spirituellement élevés. Le point essentiel n'est pas celui de l'avortement ou de la conservation d'un embryon, mais bien celui des conditions de son développement au sein de l'environnement de vie qui lui sera donné. La beauté, la pureté et la bonté peuvent se trouver tout autant dans une humble demeure (l'étable de l'enfant Jésus) que dans un palais des mille et une nuits (celui du Bouddha Siddhârta, par exemple). Au plan de l'être, seul le semblable reconnaît le semblable. Au plan de la matière, tout est possible.

Aussi, vous pouvez comprendre que l'espèce humaine est tel un merveilleux patchwork, aux couleurs d'une infinie diversité, qui ne cesse de croître et de se développer. Cette croissance ne se fait plus qu'en vase clos, depuis bien longtemps, pour ce qui concerne les véhicules physiques. Mais ceux qui donnent vie à ces véhicules physiques proviennent de tous les coins du cosmos. Et les étoiles sont nombreuses !

LA CINQUIÈME DIMENSION

Qu'est-ce que la 5ième dimension, plus précisément ?

Cette dimension est d'abord celle d'un autre état de la matière. Vous savez qu'il existe des corps célestes de différentes consistances : solides, liquides ou gazeux. Mais il est un 4ième état de la matière que vos savants, astrophysiciens notamment, ne peuvent encore détecter par leurs analyses spectrales : celui de l'éther. Les physiciens et astronomes de l'antiquité connaissaient cet état le plus subtil de la matière que vos actuels instruments sont incapables de prendre en compte. Néanmoins, certains de vos savants reconnaissent que cet état le plus subtil puisse exister afin de pouvoir expliquer des phénomènes physiques autrement inexplicables, telle l'électricité. Cela a été déjà mentionné. Tout ce qui se passe dans cette dimension est invisible à vos yeux de chair, mais pas à ceux de "l'esprit". C'est la raison pour laquelle certains savants de l'antiquité, qui avaient développé leurs capacités extrasensorielles et paranormales (qui sont on ne peut plus normales pour nous), connaissaient l'existence de la planète Vulcain, par exemple. Vous n'avez pas encore découvert cette planète. Pourtant elle existe bel et bien, avec des habitants dont la civilisation, beaucoup plus avancée que la vôtre, leur permet de voyager dans l'hyperespace. Ainsi, tout ce qui existe et vit, tout ce qui se fabrique ou, plus exactement, tout ce qui s'y crée, est constitué d'éther.

Pourquoi nos sens physiques ne peuvent-ils le percevoir?

Il vous faut d'abord concevoir que la subtilité de l'éther est due à ce que l'on nomme communément un "taux vibratoire" beaucoup plus élevé. En quoi cela consiste-t-il ?

Certains de vos physiciens et physiologistes font des recherches très intéressantes là-dessus. Ils découvrent l'existence de particules "supraluminiques" dont les propriétés spatio-temporelles étaient jusqu'alors insoupçonnées. Des champs d'investigation immenses s'ouvrent à eux désormais. Ils sont prêts d'établir que des mondes jusqu'à présent inviolés par les hommes existent, parallèlement à la 3ième dimension. La réalité de ces mondes de l'Éther demeure cependant encore inviolée.

L'éther est l'état le plus répandu de la matière. Beaucoup de mondes, beaucoup d'êtres "superlumineux" vivent dans la 5ième dimension de l'Éther. Des civilisations fabuleuses s'y sont développées, constituant notamment des fraternités intergalactiques au sein desquelles se côtoient des êtres de toutes les origines planétaires et dimensionnelles.

Que peut représenter pour l'homme de la Terre, la connaissance et la maîtrise de cette dimension?

Sur tous les plans : matériel, psychique et spirituel, la connaissance et la maîtrise de cette dimension est capitale pour vous et sera déterminante dans votre évolution personnelle.

Il vous faut d'abord reconnaître que vous êtes des êtres interdimensionnels constitués des quatre états de la matière : liquide, solide, gazeux et éthéré. Mais surtout, il vous faut comprendre que vos véhicules et appareils subtils, qui sont ceux précisément de votre monde psychique, sont constitués d'éther. Vos véhicules de conscience sont donc d'éther également, les formes conçues par vos pensées sont d'éther, vos rêves sont d'éther, les fruits de votre imagination sont d'éther. C'est pour cette raison que, dans le domaine de la biophysique, vous ne pouvez pas encore expliquer les phénomènes cérébraux dans la mesure ou vous ne pouvez pas reconnaître, comme pourtant certains de vos chercheurs l'ont fait et continuent de le faire, que des mondes infinis se déploient au-delà du seuil de la vitesse de la lumière, y compris vos mondes intérieurs. Ces mondes constituent l'intra-univers, d'où tout est originaire. Les mondes et les états que vous percevez ne sont que des condensations, des ralentissements, des densifications, des cristallisations de cet état supralumineux.

Au plan psychique, les propriétés de cette 5ième dimension sont considérables d'implications, en raison notamment de ses propriétés spatio-temporelles. Ainsi, dans cette dimension "hors du temps" de la 5ième dimension, vous pouvez avoir accès aux mémoires intégrales de vos différentes vies. Vous y accédez naturellement par un simple phénomène d'expansion de conscience. Toutes ces vies peuvent alors être contemplées "hors le temps" comme autant de vies parallèles. Les conséquences sont immenses au plan de la recherche en sciences humaines ou physiques, car ces deux domaines ne peuvent plus être dissociés au-delà du "mur de la lumière". Les phénomènes de synchronicité qui intéressent beaucoup vos chercheurs dans les domaines physiques, psychiques et métaphysiques, s'expliquent de cette manière. Vous pouvez, à la vitesse de la pensée (supérieure donc à la vitesse de la lumière), vous déplacer dans les autres mondes, aller sur d'autres continents, d'autres planètes, d'autres systèmes solaires, et vous rendre à bord d'un vaisseau de la dimension, où qu'il se trouve... si vous l'avez déjà identifié. Tout être, humain ou animal, peut faire cela...

En fonction de votre degré d'avancement spirituel, vous pourriez par exemple concevoir qu'il vous soit possible de créer, seul ou à plusieurs, un véhicule de conscience qui vous permette de vous rendre vers la 5ième dimension. Vous avez pu lire, dans la première partie de ce livre, comment dans cette dimension toute chose peut être créée grâce aux pouvoirs de la visualisation et de la connaissance. Tout ce que vous concevez en connaissance véritable, est réalisable dans cette dimension. Votre pensée est alors créatrice, telle la main de l'artiste qui façonne une sculpture dans l'argile. C'est depuis cette dimension que vous pourrez créer votre "corps de lumière" dont parle la Bible, votre corps d'immortalité. La référence religieuse de la résurrection, correspond à une ascension dans cette dimension superlumineuse, au-delà du monde des "morts" de la 4ième dimension qui, pour beaucoup, demeurent dans des songes sans conscience. Nombreux, parmi ceux que vous avez reconnus et consacrés comme saints personnages, étaient des familiers de cette dimension et de ses "miracles". Aussi pourrions-nous vous dire : "*Sanctifiez-vous, vous n'avez rien y à perdre* (si ce n'est vos aliénations) *et tout à gagner !*"

Cela concerne-t-il tout autant les extra-terrestres originaires de la 3ième dimension ?

Absolument ! Les *petits gris* et les X3 maîtrisent parfaitement tout cela. Ils sont, là aussi, très en avance pour la majorité d'entre vous. Il leur est facile de se déplacer en conscience dans la 5ième dimension et d'y créer la forme qu'ils désirent, humaine par exemple, pour apparaître parmi vous, revêtus de cette forme qui les rendra, en tous points, semblables à vous. Mais certains de vos chamanes connaissent encore cette faculté qui leur permet, notamment, de revêtir une forme animale. Oui ! la réalité dépasse vraiment la fiction dans la 5ième dimension. De plus, à partir de cette dimension, ceux qui y résident de façon permanente et qui maîtrisent la technologie appropriée, peuvent opérer la fusion des autres dimensions pour faire exister, sur votre plan, des réalités virtuelles que vous ne pouvez pas distinguer des réalités tangibles et vivantes, si vous ne savez utiliser votre intuition et votre discernement ! Des trucages sont ainsi réalisés par ceux de l'*ombre*, pour vous abuser. Par exemple, ils font apparaître des phénomènes lumineux ayant apparence d'une "flotte de soucoupes volantes". Vous voyez, rien n'est aussi simple que d'aucuns le souhaiterait. D'ailleurs, les saboteurs ne cessent de tout faire pour que vous demeuriez dans un profond engourdissement de la conscience et que vous ne vous posiez surtout pas de questions. Mais, lorsque vous maîtriserez les états de conscience vous permettant d'œuvrer dans la 5ième dimension, des pans entiers de l'univers se dévoileront et, de plus, vous pourrez faire comme celui que vous appeliez Jésus. Ce dernier vous en a prévenu d'ailleurs. Mais peut-être ne l'avez vous pas cru? Et peut-être n'êtes-vous pas encore tout à fait prêts à le croire? Cependant des événements se précipitent qui ouvriront, nécessairement, les yeux et l'entendement de ceux qui sont disposés à rencontrer l'inconnu et à évoluer en liberté et en responsabilité dans d'autres niveaux de conscience, et dans une maîtrise de plus en plus grande. C'est ce que nous vous souhaitons, et c'est la raison de notre contribution à ce livre.

12 – DES CHEMINS DE L'ÂME

Notre époque, avec son intérêt pour la psychologie,
attend de l'âme quelque chose
que le monde extérieur ne lui a pas donné.
André Malraux

DE L'ÂME

Qu'est-ce que l'âme ?

Les prêtres et astrologues chaldéens, égyptiens ou hébreux de l'antiquité, utilisaient des grandes vasques en bronze, remplies d'eau, pour observer tout à loisir le mouvement des astres, dans la nuit des temps[1].

Votre âme est semblable à l'une de ces vasques. Elle est cette psyché dans laquelle se reflète toute représentation, toute pensée, tout sentiment, tout mouvement sensible. À travers cette "porte du ciel", lumière et ténèbres peuvent entrer à flots et venir se mirer, là, dans l'immensité que vous êtes. Les nouveaux prêtres astrologues qui font métier d'en observer les mouvements sont vos "psy" (mais ils ne prennent pas toujours le bon bout de leur lorgnette pour le faire). Vous vous en remettez souvent à eux pour leur demander de réduire votre ciel à une peau de chagrin ! Ils ont bien du talent pour cela et vous beaucoup de courage assurément, à vouloir vous faire si petits...

Votre âme est immense, merveilleuse, incomparable de richesse. Votre âme est comme un ciel étoilé. Absolument

1 Dans le *Livre des rois*, il est fait mention qu'Hiram construisit une telle vasque pour le temple du roi Salomon. Cette vasque était appelée *la mer d'airain*. Comme un magnifique plan d'eau surélevé, à l'horizon bien dégagé, elle constituait un système optique dans lequel se mirait le firmament, que les prêtres pouvaient ainsi observer.

comparable avec ses galaxies, ses planètes et ses astéroïdes, ses comètes et ses vents solaires. Plus exactement elle est cette eau qui les porte dans son reflet. Vous vous attardez quelquefois à admirer le firmament, mais il semblerait bien que dès qu'il s'agisse de votre âme vous ayez peur, comme les anciens gaulois, que le ciel vous tombe sur la tête.

Non, ce ciel n'est pas à l'extérieur de vous ! Vous êtes ce ciel. Comprenez bien que vous ne pouvez le concevoir que pour autant que vous vouliez bien l'admettre, et selon la mesure plus ou moins vaste que votre conscience spirituelle vous en donnera. Alors, selon cette conscience, pouvez vous comprendre que tout est reflet, que tout est ré-so-nan-ce... Votre âme est ce médium ultra sensible pouvant enregistrer tout ce qui lui parvient depuis l'univers, en résonant à l'unisson (nous ne disons pas *raisonnant*, surtout pas). Elle est telle une chambre d'écho ultrasensible. Nous pourrions dire qu'elle est l'intérieur de l'univers entier, et de l'univers intérieur que vous êtes : macrocosme et microcosme, *en résonance.*

Mais ne faites pas comme la plupart de vos prêtres auxquels vous avez délégué vos pouvoirs. Ne jugez pas votre âme. Juger le reflet de la création dans la créature, revient à juger la création. Et c'est la juger avec le petit bout de la lorgnette construite par le mental inférieur. C'est refermer la "porte du ciel", puis barbouiller dessus des graffitis, pour déclarer et faire croire ensuite que c'est cela qui représente le ciel, votre ciel...

Dans l'immensité de votre ciel intérieur, bien des nuages sont venus obscurcir le firmament de votre être. Bien des nuées sont venues s'interposer entre le ciel étoilé et l'eau de votre âme. Ces nuées sont celles de l'*ombre* générée par l'oubli, par la peur et par l'orgueil né de la peur. Alors votre âme en a reflété les nuages, et son miroir en a été tout obscurci. Lorsque les nuages persistent, il est possible de finir par perdre le nord, n'est-ce pas ? Et si le mauvais temps dure vraiment très longtemps, le temps de quelques vies sur terre par exemple, il peut même arriver d'oublier que les étoiles existent, et parfois de maudire le ciel.

Mais il arrive aussi que les bourrasques des événements de la vie incarnée viennent agiter, peu ou prou, l'eau de votre âme et faire, d'une autre manière, que vous n'y puissiez plus rien voir, ni les événements qui vous sont extérieurs, ni vous-même peut-être ! Et le plus souvent ce n'est personne d'autre que vous qui trouble l'eau de votre âme, en agitant pensées, souvenirs, projections et émotions négatives ou fausses. Alors votre conscience ne peut plus avoir, de votre "ciel" et de l'univers, qu'une image brouillée, grossière ou inexacte, et souvent indéchiffrable.

Pourtant, combien le firmament peut être merveilleux à contempler dans le miroir de votre âme ! Il suffit que vous regardiez... mais après avoir apaisé toutes les bourrasques et bien vérifié que vous n'avez pas oublié d'ouvrir la porte (ou la fenêtre) de votre ciel !

Mais alors, notre âme est un puissant moyen de connaissance ! Comment cela peut-il se faire?

Oui, elle est le moyen mais aussi la matière de cette connaissance, en quelque sorte. Et la conscience en serait l'instrument véritable. Nous pourrions comparer votre âme à une chambre d'écho. Nous pourrions aussi la comparer à un buvard. Mais qui peut voir et décrypter les traces d'encre dont un buvard a été imprégné à partir d'une page d'écriture? Quelqu'un qui soit simplement capable de lire la forme des lettres... se reflétant dans un miroir ! Il sera nécessaire pour cela que ce quelqu'un ait appris à le faire, c'est-à-dire qu'il sache faire correspondre les formes dont le buvard s'est imprégné, à d'autres formes qu'il aura apprises comme appartenant à un alphabet donné. L'âme est le buvard, l'empreinte et l'alphabet tout à la fois. En reprenant une autre analogie nous pourrions dire encore que l'âme est la lettre (ou l'alphabet) mais qu'elle n'est pas l'esprit, qui, lui, est *Qui* vous êtes. La lettre n'est pas l'Être, vous en rappellerez-vous?

L'âme, comme la lettre, n'est pas *Qui* vous êtes. Elle vous a été donnée comme ressource. Elle fut choisie, assemblée, constituée afin que vous puissiez décrypter les reflets des spectacles du monde particulier dans lequel vous alliez vous incarner, prendre forme. Vous ne pourriez rien comprendre, sinon. Il ne serait même pas possible de vous éduquer!

Pensez-vous que l'éducation reçue de vos parents, éducateurs, professeurs et autres mentors, consiste précisément en cela? Oui ! mais vous observerez qu'ils ont parfois beaucoup de mal à le faire. Pourtant cela ne veut pas dire nécessairement que vous soyez des demeurés (des demeurés sur votre planète d'origine...). Cela veut dire seulement que vous ne disposez pas des bons codes d'accès, du bon programme de déchiffrement, des bons matériaux d'âme, du bon langage ou du bon alphabet pour déchiffrer ce qu'on a essayé de vous inculquer absolument, et auquel vous demeurez étranger.

Avant que vous ne veniez sur Terre et ne vous réincarniez dans un être humain appartenant à une culture donnée, il fallait donc que vous soyez dotés du bon programme. C'est cela l'âme. Sans elle, vous ne seriez que de purs esprits dans un corps, incapables d'apprendre, de progresser ou de faire quoi que ce soit sur ce navire-école fabuleux : la Terre. Sans cette âme, tout ce qui vous entoure vous demeurerait inconnu, inconcevable, impénétrable et inutile. Si rien de ce qui vous entoure ne fait écho en vous, ne produit une résonance intérieure, cela ne peut simplement pas exister. Vous ne seriez plus un miroir ou un buvard, mais simplement une vitre parfaitement translucide qui ne pourrait rien capter ni refléter... et que toute la Lumière de l'Univers pourrait traverser sans que vous vous en rendiez compte un instant. Mesurez-vous l'immense cadeau que la Source de toute Vie vous fait en vous dotant d'une âme et d'un corps physique pour aller de par le monde et l'expérimenter ? Cet instrument merveilleux, que vous perfectionnez ensuite vous-même à travers toutes vos expériences et les enseignements que vous en retirez, beaucoup d'entités, demeurées dans les autres dimensions (ceux que vous appelez les anges par exemple) vous l'envient infiniment. Et tout ce que votre âme aura engrangé de trésors viendra enrichir la Source, et l'Univers tout entier par conséquent. Nous ne pouvons avoir qu'une immense gratitude envers chacun de vous pour l'immense travail qu'il fait grâce à son âme. Car, quoi qu'il fasse, cela constituera un patrimoine immense pour toutes les humanités à venir sur Terre.

Pour concevoir ce patrimoine, vous pouvez imaginer une sorte d'océan sans rivage ou une sorte de bibliothèque illimitée dans laquelle seraient stockées toutes les mémoires de toutes les expériences vécues, réelles et imaginaires, de toutes les façons de penser, de rêver, de ressentir, d'aimer, de faire, d'apprendre ou de créer, qui se puissent accumuler au cours d'une existence humaine, en autant de vies et d'individus qui ont pu expérimenter l'incarnation sur cette Terre.

Les matériaux qui constituent votre âme proviennent de cette bibliothèque illimitée. Et, comme vous êtes un excellent usager de cette bibliothèque et qu'en plus, après chaque vie passée sur Terre, vous faites don de vos propres "mémoires" qui seront soigneusement rangées sur un rayon correspondant à votre code personnel et dans une section correspondant à votre code "universel", vous pourrez réutiliser tout cela le moment venu (vous ou quelqu'un d'autre).

Vous pourrez également, tout comme celui qui écrit ce livre afin de vous transmettre toutes les informations qui lui sont fournies, accéder à ces rayons et consulter, non seulement vos mémoires personnelles, mais encore consulter celles de votre âme-groupe et aussi, avec un peu d'entraînement, consulter celles de cette humanité de la Terre, de tout autre humanité ou de tout autre règne auquel vous avez appartenu, ici ou ailleurs dans l'Univers. N'êtes-vous pas fabuleux ?

Il est bien difficile d'en prendre toute la mesure. Mais comment expliquer qu'aucun individu ne soit semblable à un autre ?

Personne ne vient sur Terre pour les mêmes raisons et chacun, pourrait-on dire, est comme un rayon différent, calé sur sa propre longueur d'onde, donnant une couleur singulière. Imaginez, par ailleurs, que cette lumière particulière soit issue d'un prisme de Cristal, lui-même traversé par un grand Rayon qui serait son Parent, lequel est lui-même la Lumière issue d'une des facettes de la Cause Première, la Source de toute Lumière. Le Cristal, comparable à aucun autre, serait votre Âme-groupe, votre Soi Supérieur, lequel est relié au Rayon d'une Hiérarchie donnée. Vous faites partie d'une longue et divine filiation et, en tant que tel, vous avez votre Prisme personnel qui vient, à sa manière, décomposer la Lumière et toute information ou désinformation. Vous entrez donc en résonance selon votre manière singulière, selon la Lumière dont vous êtes vous-même constitué et selon le Rayon auquel vous appartenez. Comprenez-vous que la même information, qui vous sera donnée ainsi qu'à votre voisin, ne produira pas chez-vous et chez-lui le même effet de résonance? Vous admettrez certainement qu'il serait infiniment triste, vous qui habitez sur une planète d'une foisonnante et rare diversité, de vivre dans un univers monochrome. Vous préférez regarder des films en couleur, n'est-ce pas? Eh bien, le Créateur aussi ! Votre diversité est sa source de joie. Réjouissez-vous d'être si différents pour ramener à votre âme-groupe, à votre Soi Supérieur, au Rayon dont vous êtes issu et au Créateur de toute chose, des expériences singulières vécues de façon spécifique, décomposées selon votre propre prisme !

Vous êtes chacun une émanation à nulle autre pareille, ayant besoin d'une nourriture d'âme appropriée, qui sera donc comparable à une aucune autre.

Comprenez enfin que tout est évolution, tout, jusqu'au Créateur Lui-même. Cette évolution, pour se faire au mieux, doit se faire selon un chemin approprié. Comme vous êtes des émanations singulières, votre chemin d'évolution sera donc tout autant singulier. Or, ce chemin est telle une spirale. Il est des apprentissages et des gains que vous faites aisément et d'autres plus difficilement. Vous devez en repasser par des parcours à la fois différents et à la fois semblables. Sinon vous ne vous y reconnaîtriez plus du tout. Votre chemin d'évolution personnel devient, pour cette raison, une spirale qui dans certains passages difficiles ou particulièrement laborieux, aura des spires très proches les unes des autres. Il vous faudra beaucoup plus de temps pour vous élever un peu. Vous devez donc, au fil de vos réincarnations, en repasser par des expériences et des épreuves semblables. Le "paysage" sera différent le plus souvent. Et si, pour des raisons de commodité ou de prudence, vous revenez dans le même paysage, la "météo" et vos compagnons de route risquent d'être très différents. Il en sera de même pour eux. C'est exactement ce qui arrive à vos enfants lorsqu'ils redoublent une classe.

DE L'ÂME ET DE L'*OMBRE*

Le thème de l'*ombre* a souvent été abordé. Comment peuvent exister des "légions de l'*ombre*" si nous sommes tous issus de la Source unique de Lumière ?

La Terre est devenue une école particulièrement difficile pour tous ceux qui ont choisi d'évoluer dans les conditions éprouvantes qu'elle propose... depuis que ceux qui se sont détournés de la Source de toute Vie ont décidé de n'en faire que selon leur propres lois. Pour cela ils ont dénié leur filiation pour pouvoir encore mieux affirmer leur puissance – qui leur venait cependant du Père. C'est-à-dire qu'ils ont dénié Sa Lumière, pour se faire porteurs de leur propre lumière, pour se faire Lucifer. S'étant coupés résolument de La Source de toute Lumière, celle qui guidait leurs pas ne pouvait plus, dès lors, être qu'une variété particulière de l'*ombre* devenant, à chaque pas, de plus en plus épaisse...

Afin d'accroître leur puissance, alors qu'ils s'étaient éloignés de la Source de toute Vie, il leur fallut trouver de l'énergie. Ils ne pouvaient la trouver qu'en d'autres êtres issus de la Source, et porteur de Sa Lumière. Ainsi s'implantèrent-ils partout où il leur serait possible de croître en détournant, à leur profit, ceux qui étaient encore connectés à la Source. C'est pour cela que leurs armes, leurs artifices, sont souvent ceux de la séduction. Mais leur arme la plus terrible est de donner à croire aux autres créatures que celles-ci sont, elles, dans les ténèbres, l'ignorance, la faiblesse ou l'errance. Puis, lorsqu'elles l'ont cru, de les mettre sous leur coupe, de les aliéner à leurs pouvoirs et de les gouverner selon leur propre "lumière" en les maintenant dans l'*ombre* pour ce faire. Autrement dit en les maintenant dans la confusion, dans l'ignorance, dans l'impuissance, en les maintenant dans la pauvreté physique ou spirituelle et dans la peur, ou en les flattant "dans le sens du poil" pour en abuser et les amener à rejoindre leurs rangs.

Observez en vous, en toute lucidité, ce avec quoi vous entrez en résonance, afin de ne pas vous abuser vous-même. Quoi qu'il en soit, il est une loi incontournable qui a cours dans tout l'Univers : tout pouvoir établi sur la dénégation et le mensonge est voué à dissolution, car le mensonge porte en lui le germe de sa propre destruction. C'est ainsi que se font les guerres – dont les plus terribles sont les guerres de religions ou d'idéologie.

Et, sur Terre, il y eut combat entre les Serviteurs de la Lumière et les légions de l'*ombre*. Ces derniers remportèrent victoire et jetèrent sur chacun leur chape de ténèbres. Bien rares et privilégiées furent les communautés qui ne furent pas polluées ou infiltrées. Le véritable Sacré dut devenir secret. La Terre devint une rude école, une école se déroulant sur le front de guerre entre les opposées. Une école terrible ou l'enjeu était, pour les forces de l'*ombre*, de ne pas permettre aux entités qui avaient choisi de venir y évoluer de "s'y retrouver", afin de constituer les pourvoyeurs d'Énergie-Lumière, les suppléments d'âme des légions rebelles.

Ainsi, les conditions d'évolution furent-elles particulièrement âpres sur la Terre enténébrée, c'est-à-dire que les spires de l'évolution durent être particulièrement serrées pour permettre aux êtres d'avancer. Chaque pas sur cette Terre minées par les ténèbres constitue une victoire immense, pour vous-même et pour les Serviteurs de la Lumière, c'est-à-dire encore pour la Cause première de toute évolution.

Beaucoup ont décidé d'intégrer cette école particulièrement difficile et choisi d'y revenir tant que le travail ne serait pas achevé, et tant qu'un seul de leurs Frères serait en risque de perdition. Alors a-t-il fallu constituer des "provisions d'âme" qui puissent leur permettre de reprendre le dur chemin, là où ils l'avaient quitté pour cause de maladie ou de vieillissement de leurs véhicules physique, émotionnel et mental, et ramener à leur âme-groupe la moisson des enseignements retirés sur Terre.

Mais vous devez savoir qu'on ne peut faire moisson que de ce dont on est conscient. Nous ne pouvons ramener à la Lumière que ce qui lui est semblable, que ce qui est, en quelque sorte, en résonance avec elle. Bien souvent une expérience est faite qui est d'autant plus terrible qu'une moisson, un enseignement, ne pourront pas en être retirés car cette expérience aura été vécue dans la confusion et, parfois, dans la plus totale des inconsciences. Mais, *à l'impossible, nul n'est tenu.*

C'est la raison pour laquelle vous devez vous défier de tout jugement et de toute comparaison. C'est la raison pour laquelle la Conscience Supérieure ne juge pas. C'est la raison pour laquelle le Père vous envoie tout son Amour et que, dans l'immensité des cieux, réunis sur et autour de la Terre, des millions d'êtres vous accompagnent et vous envoient leurs aides innombrables, leur Lumière, c'est-à-dire également tout leur Amour.

Vous êtes si précieux tant que vous demeurez Lumière, tant que vous demeurez dans la conscience et, si vous la perdez, tant que vous pourrez encore retrouver *Qui* vous êtes. Aussi la grâce divine vous accompagne-t-elle à chacun de vos pas – pas que vous conduisez, au demeurant, selon votre seul libre-arbitre, selon votre seul choix. Et vous êtes d'autant plus précieux que vous êtes unique, car vous décomposez tout ce qui vous arrive selon votre propre prisme et par l'action de votre propre rayon.

Ainsi, celui qui transmet ces lignes ne peut vous retracer que des événements décomposés selon son propre prisme, que ces événements aient été vécus par lui, par une autre entité de son Âme-groupe ou par qui que ce soit. De plus, lorsqu'il reconnecte des mémoires qui furent les siennes, celle d'une incarnation du temps de l'Atlantide par exemple, il retrouve le prisme de conscience qu'il était à cette époque, avec ses façons de percevoir et d'appréhender le monde, avec sa sensibilité et ses limites d'alors, qui lui donnèrent à vivre une Atlantide qui était bien réelle, mais qui n'était "réelle" que selon son seul point de vue. Cela a déjà été dit : le livre que vous lisez ne sera pas le même que celui que votre voisin lira – si vous le lui prêtez. Ainsi êtes-vous si merveilleusement différents. C'est pour cela que chacun a besoin d'une nourriture d'âme différente, qui sera constituée notamment de choses qu'il a déjà vécues... afin qu'il puisse s'y retrouver plus facilement !

Dans votre réponse à une question précédente, vous disiez que nous ramenions à la "bibliothèque centrale" toutes nos mémoires. C.G. Jung observe que nous puisons dans ces mémoires des images qui : "ne contiennent pas seulement tout ce qu'il y a de plus beau et de plus grand au sein de ce que l'humanité a jamais pensé, senti ou éprouvé, mais aussi les pires infamies et les plus infernales intentions dont les hommes ont pu être capables". Que pouvons-nous en penser ?

Oui ! saluons cet éthérien qui fit beaucoup dans sa dernière incarnation et qui continue d'œuvrer sans relâche dans nos rangs pour dispenser ses enseignements – des enseignements qu'il n'avait pas pu délivrer sur Terre autant qu'il l'aurait souhaité. De plus, lui aussi évolue.

Vous connaissez déjà bien des éléments de la réponse, sinon vous n'auriez pas été volontaires pour revenir sur Terre. Mais nous vous remercions d'avoir posé cette question car elle nous permet d'aborder le point essentiel du discernement, déjà évoqué.

L'un des apprentissages les plus difficiles à faire sur Terre dans les conditions que nous avons décrites, est celui du discernement. Car il repose sur la subtilité, c'est-à-dire sur la faculté de séparer, au-delà des seules apparences, le bon grain de l'ivraie. Personne ne peut faire cela à votre place. Et ce travail ne peut être fait qu'avec l'épée de votre propre conscience, maniée avec courage, détermination, habileté et prudence.

Oui ! vous devez être, sur la Terre et dans les conditions "météorologiques" difficiles qui y règnent, des guerriers farouches et aguerris. Tous n'auront pas la même expérience, la même endurance, la même lucidité ni le même courage, et s'en reviendront blessés, meurtris, désespérés. Ils n'en seront que plus aidés. Après un temps de repos et de soins intensifs, suivi d'une convalescence bien méritée dans la 4ième ou la 5ième dimension, ils repartiront avec plus de courage et de force pour manier l'épée du discernement. D'un discernement qui est d'abord celui que vous pouvez faire entre la Lumière et l'*ombre*, et tout ce qui en émane ou y reconduit, quels qu'en soient les degrés ou les manifestations.

Vous devez pour cela être particulièrement attentifs. Vous devez surtout n'être pas abusés par le forme ou l'apparence. Vous savez que “l'habit ne fait pas le moine”. Or l'*ombre* aime à se revêtir d'habits somptueux, d'habits de pseudo lumière. Et c'est bien souvent à ceux-là que vous vous laissez prendre. Et c'est bien parce que vous vous y laissez prendre que tout ce qui constitue un leurre et une tromperie doit aussi être archivé... pour que vous puissiez le retrouver et le reconnaître ! Vous savez bien que la forme n'est que l'apparence. Vous le savez car, toujours, votre cœur vous en avertit. Sachez vraiment tenir compte de votre intuition, qui est intelligence fulgurante de l'Esprit et du Cœur, et qui constitue ce que nous pourrions appeler l'âme[1] de l'épée de votre discernement.

Les légions de l'*ombre* et tous ceux qu'elles abusent chercheront d'abord à vous faire prendre “des vessies pour des lanternes”, à vous submerger d'images et de slogans, et à vous mettre dans la confusion. Les moyens médiatiques sont pour eux une arme inégalée. Mais n'êtes-vous pas de plus en plus las d'être ensevelis sous les images et les discours, d'être matraqués et pris pour des gogos ou pour des simples d'esprit ? ...

Beaucoup d'entre vous, et nous en sommes heureux, n'acceptent plus cette immense imposture à laquelle participent tant de penseurs, de chercheurs, de scientifiques, d'éducateurs, d'enseignants et de politiciens qui voudraient, sans volonté de discernement, confiner l'immensité de l'être humain et spirituel dans un statut de dépendance misérable et absolue aux conditions d'incarnation dans un corps

1 Le mot est pris dans une acception différente de celle qui a été utilisée jusqu'à présent : on parle de l'âme d'un fer profilé, de même que l'on parle de l'âme d'un violon qui est cette petite pièce de bois qui sert à communiquer les vibrations des cordes à toutes les parties de l'instrument.

physique. Il est souhaitable que vous n'admettiez plus d'être ainsi abrutis par toutes les campagnes d'information et de désinformation visant à vous égarer sans cesse ; que vous n'acceptiez plus d'être à ce point contaminés et épuisés par toutes les pollutions psychiques, physiques et écologiques, débordant désormais le cadre planétaire. Alors, tenez bien ferme l'épée du discernement !

L'attachement à la forme constitue l'un de vos risques majeurs d'aliénation. Elle fait désormais à ce point partie de vos façons de vivre et de penser permanentes, structure à ce point votre mental sur terre, que vous pouvez avoir beaucoup de mal à accepter et reconnaître les préjudices spirituels profonds que cela entraîne pour vous et l'humanité terrienne. Cette forme est d'abord celle que vous donnez à votre identité. Observez combien un très grand nombre de vos semblables s'assimilent, et tiennent à être assimilés, à leur seule identité socioculturelle. C'est cette apparence qui les définit et les conditionne au point – stupéfiant à observer – qu'ils deviennent pensés par elle. N'acceptez pas cela ! Ne l'acceptez plus car il n'est plus temps. Vous accumuleriez sinon un handicap tellement considérable qu'il vous faudrait des millénaires pour retrouver le chemin du Retour vers la Source... Le souhaitez-vous?

DE L'ÂME ET DE L'ÉDUCATION

Non, certainement pas ! Nous ne désirons cela ni pour nous, ni pour nos enfants ! Comment faire pour les aider à ne pas s'égarer comme nous nous sommes si longtemps égarés nous-mêmes?

La question est d'importance. Notre réponse sera d'abord celle-là : reconnaissez leur richesse, comparable à aucune autre. Leur âme est très ancienne, tout comme la vôtre. Vous avez accumulé des expériences et du discernement, tout comme eux en ont acquis à leur manière. Vous ne pouvez savoir si vous avez su mieux qu'eux faire fructifier ces acquis. Vous ne pouvez savoir si vous avez, plus qu'eux, fait œuvre de conscience et su regarder au-delà des apparences. Leurs vies ont été innombrables, sur cette terre ou sur une autre, dans cette dimension ou dans une autre. Sachez interpeller leur Conscience Supérieure qui est seule à pouvoir concevoir une réponse appropriée à la situation dans laquelle ils se trouvent. Cette réponse peut différer de celle que vous auriez pensé apporter. D'ailleurs, lorsque vous donnez une réponse à votre enfant, examinez-vous au préalable si celle-ci vous vient de votre Conscience Supérieure, de votre discernement profond, ou si elle est dictée par votre mental inférieur, ou encore par la pression terrible de la conformité, issue des dogmes et croyances culturelles, religieuses ou scientifiques qui ont cours, et par laquelle vous vous êtes laissés enfermer ? Ces dogmes et ces croyances, pour autant qu'elles furent appropriées à une époque donnée de l'histoire des peuples et des cultures terriennes, ne le sont sans doute plus guère pour les temps nouveaux. À moins qu'ils ne soient reconduits pour vous éloigner de votre chemin d'évolution et vous fermer au discernement !

Sachez surtout donner, à ceux que vous recevez comme vos enfants, la lumière et la chaleur de votre Amour. Sachez créer pour eux un environnement et des conditions de vie dans lesquelles ils pourront développer leurs ressources véritables, leurs compétences propres, et avoir toute confiance en elles, en particulier l'intuition qui est celle de cette intelligence du cœur dont nous parlions. L'intelligence du cœur ne se montre pas, ne s'apprend pas, elle se donne et se partage, comme se donnent et se partagent la Lumière et l'Amour de la Source – sans jugement.

Acceptez enfin que celui que vous accueillez comme enfant sur la Terre puisse rapatrier, en conscience, les éléments les plus importants de ses mémoires qu'il restitua à la "grande bibliothèque" après chacune de ses existences sur Terre, et dont certaines lui furent restituées pour constituer son “bagage de route”. Acceptez qu’il vous les confie et recevez-les comme autant de trésors qui lui sont nécessaires à retrouver pour baliser sa route. Acceptez qu’il fasse des expériences que vous n’avez jamais faites, vous semble-t-il. Acceptez qu’il soit apte à voyager dans les différentes dimensions avec beaucoup plus de facilité que vous n’en auriez, malgré un dur labeur pour les redévelopper à un âge adulte. Acceptez qu’il ne souscrive pas d’emblée à vos croyances ou à vos dogmes. Laissez-lui la liberté de les éprouver et d’apprécier la part de Lumière ou la part d’*ombre* qu’ils comportent. Écoutez-le et recherchez les enseignements précieux qu’il peut vous apporter. Peut-être fut-il votre père dans une autre existence! Peut-être fut-il votre mère ou votre maître! Les temps seront bientôt révolus où les enfants choisissent de retrouver comme parents les personnes avec lesquelles ils ont un lien karmique, positif ou négatif. Cela ne sera plus nécessaire pour leur évolution lorsque l’Aube nouvelle se sera levée, chassant les ténèbres.

Acceptez que vos enfants viennent d’ailleurs. Acceptez qu’ils aient entrepris, avant de s’incarner, de cheminer vers d’autres destinées que celles qui vous apparaissent, à vous, désirables en tant que parents (l’*ombre* étant alors toute disposée à vous suggérer un choix qui l’arrange). Demeurez dans l’intelligence du cœur avec une confiance inébranlable. Vos Guides de Lumière vous accompagnent pas à pas pour vous y aider.

DE L’ÂME, DE L’ESPRIT ET DE LA MORT

Quels sont les rapports que l’âme et l’esprit entretiennent-ils entre eux et avec la mort?

Votre science intérieure sait bien que l’Esprit ne meurt pas et qu’il n’est de mort apparente que celle du corps physique, lequel n’est qu’un merveilleux véhicule qui fut créé pour vous. Il fut créé afin que vous y logiez votre âme et la protégiez des "coup de soleil de l'*ombre*", notamment, afin que votre intelligence, vos émotions et votre Esprit puissent trouver un instrument qui leur permettent d'œuvrer dans la 3ième dimension.

Quant à votre âme, on ne peut dire qu'elle meurt vraiment. Elle subit des transmutations après le passage que vous appelez la mort. Nous allons y revenir. Qu'il soit bien clair que votre âme n'est pas votre Esprit ! Ils sont souvent assimilés. Et l'*ombre* en retire beaucoup de bénéfices, aidée en cela par les religions qui voudraient la charger de tous les maux. Nous avons dit que l'âme était un trésor inestimable, un trésor qui, cependant, n'est guère plus qu'un fabuleux *reader's digest*, un guide du routard extraordinairement perfectionné, et qui sera soumis à transmutation.

Tout autre est l'esprit. Considérez que si l'âme est malléable, "contaminable", l'Esprit lui, est inaltérable. Il demeure tel un diamant dans sa pureté originelle. Il est à jamais *Qui* vous êtes, au sens de : *je suis celui qui est*. Il est une émanation directe de la Source première, de l'Être Suprême. L'âme, vous l'aurez compris, n'est qu'un merveilleux catalogue, sans cesse perfectible, mais qui sera reposé sur les rayons de la "grande bibliothèque" après usage.

Les rapports de l'âme et de l'Esprit sont "alchimiques". La première transmutation que vous faites est d'abord celle qui vous permettra de changer une expérience vécue physiquement en une donnée psychique, c'est-à-dire en matériaux d'âme. Lorsque votre véhicule physique meurt, ces matériaux sont véritablement subtilisés en leur essence même. Vous opérez une transmutation de matériaux d'âme en nourriture pour l'Esprit : vous en extrayez le sens. Ainsi, vie après vie, chacune des nouvelles âmes dont votre Esprit s'est doté pour conduire des expériences dans les différentes dimensions, reviendra avec ses moissons à subtiliser pour votre Être afin qu'elles deviennent Esprit.

Cet Esprit de subtilité, connaissant le sens des choses, pourra être cette petite voix, qui vient vous indiquer un sens, une direction à prendre... ou à éviter, lorsque vous décidez d'entreprendre quelque chose avec l'un ou l'autre de vos véhicules denses ou subtils[1]. Cette petite voix est celle de votre Conscience Supérieure qui indique ce qui constitue pour elle une bonne raison d'être. Cependant il est parfois difficile de distinguer cette petite voix de subtilité dans le vacarme terrible que font les raisonnements de votre mental.

Ce travail de subtilisation accompli, que deviennent les matériaux de votre âme ? Rien n'en est perdu puisque vous pourrez en réutiliser toutes les données le moment venu. Ces matériaux deviennent donc des traces, comparables aux traces écrites que l'on conserve pour relater une expérience et la consigner dans le fichier correspondant. Ces fichiers de données, nous l'avons dit, seront conservés précieusement dans la grande bibliothèque de la mémoire collective. Alors votre Esprit, qui en garde le sens, pourra venir les rechercher pour constituer les bagages d'une nouvelle âme à provisionner avant un nouveau voyage dans les dimensions et dans les mondes.

Mais comprenez aussi que la grande bibliothèque de votre mémoire collective ne comporte aucun "comité de lecture" dûment habilité à ne mettre en rayon que les très bons ouvrages, et rejeter ceux qui sont remplis des pires infamies. La Source ne juge pas, et c'est vous (chacun d'entre vous) qui constituez votre bibliothèque collective. Vous avez là une fort grande responsabilité. Comprenez que toutes ces données viennent nourrir l'inconscient collectif et constituer un fond documentaire de première main où chacun pourra venir puiser à n'importe quel moment, de façon consciente et volontaire ou de façon inconsciente et involontaire, par le seul effet de la loi de résonance. Il peut arriver que vous

1 cf. La notion de "Corps subtils" dans le glossaire en fin de livre.

soyez encombrés de données dont vous ne savez que faire, mais vous les aurez connectés en vertu de cette loi de résonance[1], vous ou n'importe quelle autre personne.

Aussi est-ce à chacun de faire son propre ménage intérieur s'il ne veut pas être encombré d'une part d'*ombre* qui n'est pas la sienne, mais qu'il aura en quelque sorte appelée en vertu de la loi de résonance. Si vous n'y prenez garde, votre âme risque, au gré des rencontres et des restimulations, de devenir une décharge publique. Et vous savez qu'une décharge publique est un paradis rêvé pour ce que vous appelez des "vermines" et les "vecteurs de pollution". Mais la Lumière peut faire un travail efficace en ces lieux. Et c'est là qu'il est important que vous sachiez faire, pour vous et vous seul, un travail de discernement. À ceci près, toutes les expériences sont bonnes, et vous pouvez faire un excellent terreau avec ce compost collectif, pour y cultiver de belles fleurs et de bons légumes.

Votre âme est mutable et éphémère, heureusement, avant qu'elle ne vienne restituer ses mémoires alchimisées à votre Esprit. Ainsi, après avoir quitté votre corps trépassé, votre âme devient-elle éternelle par transmutation et collective par décantation.

Quant à vous, que devenez vous ? C'est également votre question, n'est-ce-pas ? Et bien, vous redevenez ce que vous avez toujours été de toute éternité ! Vous retrouvez toutes les capacités et les pouvoirs qui ont toujours été les vôtres, augmentés de ceux que vous avez acquis en conscience au cours de l'existence que vous venez de quitter. N'est-ce pas une merveilleuse récompense ? Pour l'acquérir il n'est pas nécessaire, nous vous le signalons, de "souffrir mille morts". Une vie faite de beauté et de joie comporte elle aussi ses récompenses, toutes ses récompenses... en plus des bonheurs que vous aurez reversés à la mémoire collective. Ces

1 Je pense que cela correspond à l'effet *égrégore** bien connu des occultistes et autres mages.

récompenses étant, elles aussi, à la mesure de la conscience et du discernement que vous en aurez !

Alors, faites des expériences, il en restera toujours quelque chose... mais sachez prévoir quelle en sera la récompense personnelle et les effets collectifs.

L'ÂME ET SON DEVENIR

Peut-on concevoir que l'âme ait un devenir?

Celui que vous voudrez bien lui permettre d'avoir! Votre âme est une ressource et un moyen. Comment désirez-vous les employer ? Et, si nous comparons votre âme à un merveilleux instrument de musique, comment désirez-vous en jouer ?

Certains se contenteront de répéter les rengaines les plus populaires et de se ranger à l'opinion la plus générale. Ils feront chorus, quelle que soit la qualité de cette musique. D'autres, après avoir reçu les enseignements de base de votre société, continueront avec courage et persévérance à faire leurs gammes sur leur instrument. Ils essaieront de repousser plus loin les frontières de leur conscience, les limites de leur connaissance ou de leur amour. Ils s'entraîneront, remettront sur le métier leur ouvrage jusqu'à ce que celui-ci ait les qualités, la pureté, la justesse ou la beauté recherchées. Ils ne pourront se contenter de ce qu'ils ont appris auprès de leurs enseignants ou instructeurs. Ils rechercheront à développer leur propre et véritable maîtrise et à cheminer, toujours plus loin. Alors, tels des virtuoses, ils sauront tirer de leur instrument les plus belles et les plus lumineuses mélodies.

Alors voudront-ils certainement offrir le fruit de leur art à tous ceux qui pourront l'apprécier et leur permettre, à leur tour, de rechercher à croître en conscience, en subtilité, en justesse et en harmonie. Ceux qui auront atteint un niveau comparable de maîtrise se reconnaîtront et chercheront alors à faire œuvre commune leur permettant de s'enrichir encore et de croître en nombre de plus en plus grand, dans un Service et dans une Liberté de plus en plus élevés...

Remercions tous ceux qui, dans leur musique et par les harmonies qu'elle rend, savent faire chanter l'Univers, L'Amour et la Lumière, et nous suggérer les merveilles et les profondeurs de la Création et de l'Amour de la Cause Première. Ils continueront de le faire, quelle que soit la part d'*ombre* qui encore les habite... laquelle *ombre* sait désormais que son avenir est de revenir vers la Lumière, avec l'Âme qui s'ouvre et chemine sur le Retour.

CONCLUSION

"Je ne crois qu'en ce que je sais, cela supprime le fait de croire."

C.G. Jung, *"C.G. Jung parle"*

"Celui pour qui le temps est comme l'éternité,
et l'éternité comme le temps, est libéré de tout conflit".

Jacob Bœhme, *De la signature des choses*

OSONS ACCUEILLIR LA LUMIÈRE

Osons faire comme nos Frères de l'Éther qui forment une chaîne de Lumière et de Fraternité autour de notre planète Terre. Et, pour cela, sachons guérir les blessures, parfois terribles, reçues lors de combats avec l'*ombre* menés au fil des incarnations, au cours des millénaires. Cessons d'accorder le pouvoir à ce qui est extérieur et contraire à l'épanouissement de la Lumière en nous. Et surtout, ainsi que C.G. Jung nous y invite de tout son génie, reconnaissons que l'*ombre* qui est encore à combattre, l'est d'abord en nous-mêmes. Reconnaissons que nous lui avons ouvert une porte afin qu'elle vienne s'installer et croître en notre âme. Reconnaissons-le et accueillons-le sans culpabilité, sans honte, ni sentiment de peur ou d'impuissance. Le travail fut terriblement difficile, mais il n'est pas terminé. Les dernières heures avant l'aube risquent d'être plus dures que jamais. Aussi, sachons accueillir Sa Lumière et sa Force.

Nous savons bien que nous sommes descendus tout au fond d'un puits fort profond. Mais nous savons bien également qu'au fond d'un puits, la Lumière nous arrive tout droit d'en haut et qu'elle vient se refléter là, à la surface de l'eau, de l'eau de notre âme et de ses émotions. Plus nous sommes descendus au fond de l'eau, plus l'obscurité est devenue dense. Mais toujours, au-dessus de nous, continuait de briller la Lumière. Ayant atteint le fond du puits, c'est-à-dire le fond constitué par les émotions les plus basses, nous avons touché le sol. Il ne suffit que de prendre appel sur la roche et, d'un coup de talon, remonter vers la Lumière pour jaillir, tel un dauphin émerveillé, à l'air libre et à la Lumière.

Alors, baignés de nouveau par le Respir divin, sachons devenir

UN

Un avec nous-mêmes

UN avec la Lumière

Un avec tous nos Frères de la Terre

Un avec tous nos Frères de l'Éther

Un avec la création entière

Un avec le Père

Pour cela, sachons redevenir des enfants. Il nous suffit d'écouter la voix subtile de cet "enfant intérieur" qui palpite en chacun d'entre nous, débordant d'amour, de vérité, de sagesse et qui nous veut aider à trouver la délivrance, l'air libre, la nouvelle conscience.

Nous savons que, parmi nous, certains résisteront désespérément à laisser se glisser en eux le passage de la nouvelle espérance : celle de la venue de cet enfant intérieur et de sa royauté lumineuse. Qu'ils soient aimés plus encore afin de pouvoir retrouver en eux les ressources pour entrer en résonance profonde avec la vibration que tentent de transmettre ces mots tracés à leur intention. Ils demeureront sinon des "lettres mortes". Puissent ces lignes, jusqu'à leur terme, constituer comme une porte ouverte, une indication, le début d'un chemin permettant à chacun de retrouver une origine qui serait également sienne, un écho à son propre être spirituel, un rappel d'une lointaine promesse de retrouvailles faite à lui-même, une promesse d'unicité.

Nous voudrions, comme une dernière fleur ajoutée au bouquet que nous avons tenté de réunir pour vous, vous offrir ces paroles du cordonnier philosophe Jacob Bœhme. En l'an de grâce 1622, il écrivait en introduction de son ouvrage "*De*

Signature Rerum"[1] ces quelques phrases (vous pourrez y remplacer le mot de Dieu par tout autre qui vous conviendra : Lumière, Conscience supérieure, etc.) :

De la naissance et de la signature de toute chose : (...). Si je vois quelqu'un qui parle de Dieu, qui enseigne et écrit sur Dieu et que j'entende et lise son propos, je n'aurais pas compris pour autant. Cependant, dès que son esprit, avec le son qu'il rend, rayonnera de la figure de sa personne, sa signature, pour entrer dans la mienne et y porter son empreinte, je serai à même de le comprendre en profondeur, qu'il parle ou qu'il écrive, pourvu qu'il détienne le marteau susceptible de faire résonner mon propre timbre.

Nous espérons avoir fait résonner votre propre timbre et avoir ainsi ouvert, avec vous, un espace de consensus dans un plan hors l'espace, un plan où peuvent se retrouver des êtres incarnés ou non incarnés, humains ou non humains, œuvrant dans une dimension ou dans une autre, à bord d'un "vaisseau de lumière" ou sur votre belle Planète Bleue. C'est là le champ à cultiver qui s'offre à tous les travailleurs de l'humain, à tous les travailleurs de Lumière, en cette aube du 3ième millénaire.

Que nos dernières paroles soient de gratitude envers tous ces êtres qui nous accompagnent pour un devenir plus lumineux et un cœur plus vaste, afin de nous permettre de recouvrer des qualités qui nous sont nécessaires pour voyager à nouveau par tout ce merveilleux univers de la Création, aux dimensions innombrables. Sachons, grâce à eux, retrouver notre axe, notre essence ultime, notre signature singulière, et garder connaissance au profond de nous-mêmes de ce qui permet notre retour vers la Source Une.

C'est le vœu que je forme pour chacun de nous.

Soyez honorés.

---

1 *De la signature des choses*, traduit magnifiquement de l'allemand par Pierre DEGHAIYE, Collection Les Écritures Sacrées, Éditions Grasset, 1995.

GLOSSAIRE

Akasha – Nom sanscrit donné à la mémoire universelle. Pour Raymond Réant : "conscience cosmique dans laquelle l'esprit incarné est susceptible de capter certaines informations" (dans *La parapsychologie et les vie parallèles*, Éditions R Réant, p. 231).

Channel – Mot anglais signifiant canal. Par extension, personne sensitive, clairvoyante ou clairaudiente percevant les réalités d'un autre monde, d'une autre dimension, et capable ainsi de communiquer avec l'invisible. Cette personne peut être considérée comme "interface" entre deux ou plusieurs plans (ou dimensions) de réalités différentes.

Consensus – Dans la *Théorie de l'Instance et des cohérences*, Roger Nifle définit le consensus comme un espace de sens communs entre deux ou plusieurs êtres. L'être ou Instance est selon lui : "constituée de sens, ces mêmes sens dont on ne trouve que les manifestations variées dans l'existence. L'Instance pourrait se présenter comme Être. Un Être substantiel, verbe infinitif s'incarnant dans l'existence" aussi, le consensus est : "une intersection entre les Instances. L'espace commun est espace de sens, appartenant aux Instances, d'où son nom de "consensus". Il faut souligner que le consensus n'implique aucune espèce de conscience ou de savoir à son propos. Ce n'est pas une convention consciente. Même si la conscience de sens peut lui donner accès, en général, il faut penser que les consensus restent profondément inconscients, même s'il y a conscience de la réalité de leur effet : l'existant." Roger Nifle, dans *Au coeur du sujet*, Éditions de Poliphile, p.61 & 83 – non encore réédité (s'adresser à Association Cohérence, Soyans, 26400 Crest – France – site internet : [URL] http://www.coherences.com)

Corps subtils – Ils correspondent aux différentes matrices vibratoires du corps physique grossier, imperceptibles aux organes des sens de ce dernier. Selon la tradition védique ces matrices sont considérées comme corps subtils distincts, au nombre de 7 (parmi celles-ci : le corps éthérique ou vital, le corps d'émotion, le corps mental, le corps causal...). Véritables champs d'énergie spécifiques (Patrick Drouot), elles constituent ce que certains appellent "le corps spirituel". Dans ce corps demeurant vivant après la mort du corps matériel (et de la dissolution de sa matrice éthérique ou vitale), l'être peut voyager dans les autres dimensions aux sphères, régions ou royaumes innombrables. Les parapsychologues appellent encore ce corps spirituel, corps "bioplasmique", dans lequel nous pouvons faire des voyages "astraux" dans les autres dimensions, par "dédoublement" volontaire ou involontaire, conscient (état de veille) ou inconscient (état de sommeil), ou encore mener un certain nombre d'actions ici-bas ou "au-delà".

Dimensions

1ère dimension – Pythagore percevait l'univers comme dépendant d'un Ordre qui le sous-tendait, que Platon désignait comme monde des Formes ou Idées transcendantes. C'est la dimension originelle des champs de force et de forme qui fonde toute existence, quelle qu'en soit la dimension, tel un son primordial émanant de la Source. Les conceptions les plus contemporaines reprennent ce concept sous le terme de causalité formative. Dans la première dimension se crée et se développe le principe causal générant toute forme dans l'univers et correspondant, selon certains chercheurs, à un champ et à un germe morphogénétiques donnant lieu, après répétition dans les autres dimensions d'existence, à une chréode. Ainsi, selon le biologiste Rupert Sheldrake : "Les champs morphogénétiques jouent un rôle causal dans la détermination des formes des systèmes auxquels ils sont associés" et : "Le germe morphogénétique est une partie d'un système en devenir. (...) Il renferme la forme virtuelle du système final" (*Une nouvelle science de la vie*, Éditions du Rocher, pp.79&83). Le concept de chréode correspond à celui de "chemin matriciel", de moule à partir duquel la forme de toute chose existante s'établit et persiste, au-delà du temps, quel qu'en soit le règne ou la dimension, dans toutes ses potentialités. Il est semblable à la raison d'être, à l'intention, formant projet d'existence selon certaines lignes de forces. Il rejoint, pour moi, ce que le Maître Philippe de Lyon appelait les "clichés de Dieu".

2ème dimension : cette dimension est bien connue des rêveurs, humains et non humains, qui la pratiquent dans leurs rêves les plus fréquents (au cours desquels ils peuvent se rendre tout autant dans les autres dimensions). Elle n'est constituée que de forme et d'espace vibrants et vivants. Le temps y est inconnu. Le règne de l'inconscience y est total pour la plupart des êtres. Elle constitue comme un état de sommeil profond et de repos dans lequel retourne l'être, afin de se se régénérer selon ses propres lignes de force et de forme, dans une interconnexion avec toutes celles de l'univers.

3ième dimension : Cette dimension – que beaucoup croient la seule possible – est celle où nous existons sur la Terre dans un corps physique essentiellement constitué d'eau, au taux vibratoire relativement bas qui en définit la matérialité et la densité. Les corps spécifiques à cette dimension évoluent dans un monde fait de forme, d'espace, d'énergie et de temps. La conscience y est très relative, et pourrait être comparée, en proportion avec l'inconscience, à l'écume des vagues à la surface d'un l'océan. Néanmoins, différents états et niveaux de conscience et d'existence s'y trouvent très diversement représentés. Les hommes se considèrent, par anthropomorphisme autosuffisant, comme les représentants des niveaux d'intelligence et de conscience parmi les plus élevés. Ce qui demeure à démontrer !... Cette 3ième dimension correspond, pour les druides, au "monde d'Abred" ou monde des réincarnations, dans lequel les êtres y sont revêtus de leur Manteau de Chair et de leur Manteau de Lumière.

4ième dimension : Elle est globalement constituée par ce qu'on appelle le "monde des morts", et que j'appelle plus volontiers le monde des "lettres (formes) trépassées". Dans cette dimension, les entités désincarnées évoluent dans leurs corps subtils d'émotion et mental (leur âme, dans les termes de la religion chrétienne). Cette dimension est essentiellement un réservoir de mémoires "enkystées" (appelées parfois coques) d'émotions, de pensées, de valeurs et de formes passées, vécues ou imaginaires, aux potentiels énergétiques immenses, susceptibles de venir grossir la masse d'égrégores terriblement puissantes. La plupart des niveaux d'évolution et de conscience de cette dimension correspondent à ceux auxquels les entités humaines et non humaines se trouvaient au moment de leur trépas ou de leur transfert. Ces niveaux sont constitués de mondes trépassés entièrement issus (tels des photos ou des films) de l'imaginaire et des croyances des désincarnés, mondes au sein desquels ils vont évoluer comme dans un univers de réalités tangibles, peuplés de figures aimables ou monstrueuses, angéliques (haut astral) ou infernales (bas astral)... ou encore, pour certains non croyants convaincus, tout empli d'un néant labyrinthique aux brumes indéfinies ! Ces mondes constituent alors ce que les mythologies de toutes les religions désignent comme enfers (l'Islam en distingue jusqu'à sept), purgatoire ou paradis. La plupart du temps, les entités désincarnées y recréent les conditions de vie connues sur terre où, au mieux, rêvées comme désirables ou idéales. Les entités s'y retrouvent alors, le plus souvent, par affinités de culture et de niveau vibratoire pour développer en commun rêves ou cauchemars. L'évolution est néanmoins possible pour les êtres parmi les plus conscients d'autres possibilités d'accomplissement, vers des niveaux plus élevés ou lumineux (ou encore numineux). Leur "corps spirituel" vibratoire leur permet, par résonance, de percevoir toute chose ou tout être avec plus d'intensité : les sons, les lumières et les couleurs sont des vibrations ressenties comme autant de fluides, de radiances, de rayonnements, lourds ou légers, sombres ou lumineux, purs ou impurs. L'être en pourra retirer tous enseignements utiles à son évolution en fonction de son degré de conscience. Plus l'évolution spirituelle est importante, plus elle permet, en correspondance, d'accéder à des mondes faits de blancheurs immaculées et radieuses, ou tout est amour et beauté indicible. Cette dimension correspond alors à ce que les druides appellent "le monde de Gwenved", ou Monde Blanc. C'est le niveau d'existence vibratoire, situé aux frontières de la 5ième dimension, où oeuvrent les gens uniquement vêtus de leurs Manteaux de Lumière, ces "blanches tuniques" dont parle la Bible. Les entités ayant un haut degré d'évolution spirituelle (c'est-à-dire de haut niveau vibratoire) pourront choisir, en conscience cette fois, de se réincarner sur Terre ou de servir dans les rangs des "Éthériens" de la 5ième dimension. Encore aura-t-il fallu qu'elles sachent se déprendre des mondes imaginaires du bas et du haut-astral, et recouvrer leurs facultés de discernement, d'orientation et de choix.

5ième dimension : Celle d'un monde pénétrant complètement la 3ième dimension. Ce monde est constitué d'un état très subtil de la matière, vibrant à une vitesse supérieure celle de la Lumière : l'éther.

Elle est donc invisible à nos yeux de chair et à nos instruments physiques. Cette dimension correspond à un monde débordant largement notre univers, constitué de planètes avec leurs habitants, connaissant une civilisation plus avancée que la nôtre. La vie peut se développer de merveilleuse façon dans cette dimension, car elle n'est plus soumise aux conditions nécessaires, sur Terre, à la vie d'un organisme biologique. Ainsi la vie a-t-elle pu, dans la 5ième dimension, se développer sur des planètes très denses ou moins denses de notre système solaire, là où nous sommes persuadés (selon nos critères restreints) qu'elle ne peut se développer. Enfin, dans la 5ième dimension, la pensée est créatrice car elle peut façonner la matière subtile de l'éther comme nous, dans la 3ième dimension, pouvons façonner de nos mains (avec un outil si nécessaire) la matière dense et solide.

Égrégore - C'est une entité de la 4ième dimension qui est créée par le rassemblement de toutes les pensées, représentations, émotions et valeurs semblables. Pur produit d'êtres faisant "culture commune" au niveau de "la lettre", c'est-à-dire faisant consensus sur des comportements, des croyances, des dogmes ou des pratiques, quelles qu'elles soient. Elle peut constituer des entités gigantesques. Ainsi les âmes, incarnées et désincarnées, viennent-elles nourrir des monstres hideux ou esthétiques, qui les asservissent en retour au-delà des siècles. Perdurant hors l'espace et le temps, ces créations devenues autonomes, se maintiennent et renforcent par les pensées et émotions venant les alimenter. Ces entités peuvent exercer une domination très grande sur l'être venant à s'y connecter. Les religions, les guerres, les peurs collectives et les pratiques, sont génératrices de tels égrégores. Elles constituent un vecteur parmi les plus puissants de l'*ombre*.

Pour le Dr René J. Bourdiol, cette "puissance énergétique peut être favorable ou défavorable, en fonction des énergies psychiques ou affectives humaines qui la génèrent, la nourrissent, la développent. Elle transmet, en retour, une énergie considérable à ceux qui participent à sa constitution", dans *Les voiles de l'au-delà*, p. 354.

Pour ma part, je verrais plutôt dans la figure archétypale du vampirisme (imagée par les formes livides du "mort-vivant"), l'un des aspects les plus négatifs de l'égrégore, semblable alors à une vraie "pompe à énergie". Ceux qui peuvent en recevoir, en retour, de l'énergie, sont les êtres qui, tels des grands prêtres ou les grands officiants (stars du spectacle et leurs prosélytes, par exemple), aident à la constitution et au développement de l'entité égrégore, en lui apportant des "victimes sacrificielles", la plupart du temps fort consentantes.

Éther – Selon les anciens, fluide le plus subtil, «au-dessus de la sphère de l'air». Aristote le désigne comme le cinquième élément. Newton, Maxwell considèrent que cette substance remplit l'espace planétaire et interstellaire. Bertrand Russel écrit : «Nous constaterons que l'éther est l'élément fondamental, que les électrons et les noyaux d'hydrogène ne sont que des états de concentration dans l'éther». Einstein considère lui-même que : «l'espace dépourvu d'éther est impensable». Nicola Tesla, cet extraordinaire génie, écrit : «L'homme a découvert depuis longtemps que toute matière provient d'une substance primordiale, un champ subtil et vaste au delà de toute imagination, l'Akasha ou éther photophore, sur lequel agit le prana avec l'énergie créative et qui donne vie à toutes choses et à tous phénomènes, dans un cycle éternel. Si on accélère cette matière primordiale en tourbillons infinitésimaux, elle se transforme en matière brute».

Éthériens – Habitants de l'éther de la 5ième dimension et pouvant être originaires de planètes très différentes du système solaire ou d'autres systèmes et galaxies. Ils ont développé depuis des temps "antédiluviens" des technologies fondées notamment sur la maîtrise des "fluides" électromagnétiques et des états ondulatoires des particules atomiques. Ils constituent, lorsqu'ils servent la Lumière, ces Fraternités Blanches dont parlent les Écoles des Mystères.

Karma – Loi de cause à effet se jouant ou rejouant au fil des incarnations. Le karma est la graine qui, inconsciemment, persiste et se ressème, de siècles en millénaires, de la 3ième à la 5ième dimension, en tant que conséquence de nos intentions, de nos pensées et de nos désirs, de nos paroles, de nos lâchetés, et pas seulement de nos actions, comme on le croit complaisamment. Les êtres réalisés et conscients peuvent s'en libérer.

Ontoanalyse – Néologisme créé par l'auteur à partir du grec "Onto" = l'être, et signifiant "analyse de l'être", de même que la psychanalyse signifie "analyse de la psykhé"(c'est-à-dire *l'âme* et non pas l'esprit). La psychanalyse ne se réfère donc qu'à l'âme individuelle et, grâce à la psychoanalyse de C.G. Jung, à l'âme collective désormais, mais non à l'être spirituel compris dans sa quiddité (son essence), qui ne peut être appréhendée qu'à partir d'une conscience du sens (5ième dimension), c'est-à-dire en esprit, et non seulement à la lettre (cf. 4ième dimension), c'est-à-dire mentalement.

Ontothérapie – Pratique thérapeutique qui découle de l'ontoanalyse, prenant en compte l'esprit, l'âme et le corps, notamment dans leurs composantes énergétiques ou subtiles (voir corps subtils).

Merkabah – Vaisseau d'énergies organiques apparaissant parfois sous forme d'un halo, d'une aura, d'une colonne ou d'une pyramide de lumière (de couleurs variées et changeantes le plus souvent). Dans *Les 64 clefs d'Hénoch*, le Professeur James Hurtak écrit (clef 3.0.1) que ce véhicule est : "un vaisseau interdimensionnel engendrant et contrôlant la translation temporelle et le relais ou transition entre les dimensions de la lumière... Le merkabah peut se projeter d'un système de vie ou d'une galaxie vers celui ou celle d'un autre univers... Le merkabah ne "voyage" pas à proprement parler d'une planète à une autre mais se déplace dans un champ énergétique global... Ceci donne au véhicule fonctionnant dans ce champ, l'aptitude à se déplacer à des vitesses supérieures à celles de notre lumière familière...". Selon cet auteur, le "chariot de feu" qui emporta Elie (et bien d'autres), était un véhicule merkabah. Nous sommes appelés à nous réapproprier notre propre véhicule merkabah en tant qu'êtres interdimensionnels, afin d'assumer à nouveau pleinement nos facultés d'êtres spirituels. Les énergies de ce véhicule sont très lumineuses et puissantes, aussi demeurent-elles en d'autres dimensions de subtilité tant que nous n'avons pas atteint un suffisant degré de pureté et d'intensité vibratoire. Des véhicules merkabah collectifs peuvent être créés par des êtres ayant les mêmes affinités vibratoires. Les stations décritent dans les premiers chapitres sont de ce type.

N.D.E. – Abréviation pour "Near Death Expérience", créée par Raymond Moody. Patrick Drouot la définit comme : "une expérience profonde durant laquelle un individu expérimente un état de mort clinique et rapporte un vécu appartenant à l'au-delà de l'homme" dans *Guérison spirituelle et immortalité*, p. 342. On parle aussi de E.M.I. (Expérience de Mort Imminente).

Numineux – Terme de Rudolph Otto, formé à partir du latin *numen* (être surnaturel). À sa suite, C.G. Jung le reprend pour désigner ce qui est : "indicible, mystérieux, terrifiant, la qualité dont l'homme fait l'expérience immédiate et qui n'appartient qu'à la divinité" (C.G. Jung, *Ma vie*, p. 459) ; et dont j'ajouterais qu'il renvoie à l'expérience consciente de la 5ième dimension.

Ombre – Par définition : "espace privé de lumière par interposition d'un corps opaque"(Littré) et, par extension, tout ce qui obscurcit l'âme, mais aussi tout ce qui vient dissimuler, cacher, travestir et qui se situe à l'opposé de la Lumière et de la Conscience. Pour les anciens, l'*ombre* est le monde de la mort où viennent errer les désincarnés comme autant "d'*ombres*", tout particulièrement considérées comme telles lorsqu'elles peuplent les régions infernales. L'*ombre* est alors assimilée aux royaumes des puissances du mal où règne l'absence totale d'amour entraînant l'égoïsme, l'orgueil, la révolte et la haine, constituant alors l'empire terrible de la négation, de la contradiction, de la dénégation. Satan est le prince de cet empire, celui qui médit, dit et contredit, qui ne veut connaître ni la vérité, ni la justice, ni la certitude, ni l'authenticité. Celui à qui A. de Vigny fait dire dans *Eloa : J'aime qu'on ne croit pas en ma réalité. C'est sur ceux qui me nient que ma puissance est la plus grande.* Ainsi l'*ombre* devient-elle le principe et la source de tout mal.

L'*ombre* est, pour C.G. Jung, tout ce que l'être tend à maintenir en dehors de la sphère de la conscience et qui se constitue "des éléments psychiques personnels et collectifs qui, incompatibles avec la forme de vie consciemment choisie, n'ont pas été vécus. Ils s'unissent dans l'inconscient en une personnalité partielle relativement autonome, avec des tendances opposées à l'inconscient". Il écrit encore : *L'ombre personnifie tout ce que le sujet refuse de reconnaître ou d'admettre et qui, pourtant, s'impose toujours à lui, directement ou indirectement, par exemple les traits de la personnalité inférieure ou autres tendances incompatibles.* (dans *La guérison psychologique*, p. 173).

L'*ombre* est encore, pour cet auteur : "une personnalité cachée, refoulée, le plus souvent inférieure et chargée de culpabilité, dont les ramifications les plus extrêmes remontent jusqu'au règne de nos ancêtres animaux ; elle englobe ainsi tout l'aspect historique de l'inconscient... Si l'on admettait précédemment que l'*ombre* humaine était la source de tout mal, on peut maintenant, si l'on y regarde de plus près, découvrir que l'homme inconscient, précisément l'*ombre*, n'est pas uniquement composé de tendances moralement répréhensibles..." (dans *Aïon*, p. 379).

Nous ajouterons à cela que l'*ombre* est donc grosse de tous les facteurs karmiques, individuels et collectifs, qui pourront infléchir une existence, dans une sens ou un autre.

Parhélie – Phénomène lumineux ayant l'apparence d'une tache colorée selon les nuances de l'arc-en-ciel, due selon les météorologues, à la réflexion des rayons du soleil sur des nuages formés de cristaux de glace. Nous ajouterons : sur tout corps, visible ou invisible, susceptible d'agir comme un prisme de cristal.

Persona – Pour C.G. Jung : "La persona est le système d'adaptation ou la manière à travers laquelle on communique avec le monde... On peut dire sans trop d'exagération que la persona est ce que quelqu'un n'est pas en réalité, mais ce que lui-même et les autres pensent qu'il est." (dans *La synchronicité comme principe d'enchaînement acausal*, Jung & Pauli, p.20).

Projection – La projection est, dans son acception psychanalytique, "une opération par laquelle le sujet expulse de soi et localise dans l'autre, personne ou chose, des qualités, des sentiments, des désirs, voire des "objets", qu'il méconnaît ou refuse en lui. Il s'agit là d'une défense d'origine très archaïque..." écrivent Laplanche et J.B. Pontalis dans leur *Vocabulaire de la psychanalyse.*

Psychopathotactie – Terme créé par Raymond Réant à partir du grec *psykhé*, âme, et de *pathos*, sensation, impression, et du latin *tactus*, sens du toucher. Il désigne la faculté de raconter l'histoire d'un objet à partir de son toucher ou de celui d'un élément ayant été en contact avec cet objet (R. Réant, *La parapsychologie et les vies parallèles*, Éditions Raymond Réant, p.245).

Si vous le désirez, vous pouvez communiquer directement avec l'auteur et vous tenir informé des nouveaux éléments concernant ses recherches et le fruit de ses échanges avec ses lecteurs en vous rendant à :

http://perso.club-internet.fr/silus

Galactic Humanity & Star

Chez Louise Courteau, éditrice inc.

Chère Michelle

« CHANNELING »

Chère Michelle est écrit sous forme de lettre à une fille de treize ans. Maurice B. Cooke, ingénieur, est le « channel » d'Hilarion, un Maître du monde invisible. Les guides et les livres apportent leur aide, mais ils ne réveillent que la connaissance déjà déposée en nous.

Dans des mots simples, Hilarion fait la lumière sur des notions élémentaires de l'évolution de l'âme. On parle sans détour de la mort, de la réincarnation, des pouvoirs de la pensée, des gaz inertes, de l'Apocalypse, de l'inconscient, de l'alimentation, du monde astral, du symbolisme et de la sexualité.

ISBN : 2-89239-164-4

156 pages

Les Anges Xéda 1

« CHANNELING »

Ce vocable désigne un groupe d'anges dont le porte-parole est une entité incorporelle nommée Xéda. Marie Lise Labonté, en transe profonde, lui sert de canal humain, de médium. Cet ouvrage regroupe le contenu de conférences sur les thèmes qui soulèvent l'intérêt public : la prière et la méditation; les guides et la guérison; l'amour et la personnalité. Une lecture tout en douceur qui élève l'âme en lui fournissant la nourriture dont elle a besoin.

ISBN : 2-89239-150-4

318 pages

Les Anges Xédah 2

« CHANNELING »

Nous reproduisons dans le présent ouvrage des conférences sur les thèmes les plus appréciés : les croyances, la foi, les guides, la guérison, l'amour et le couple, la mort, le karma, l'immortalité.

Le médium est dit animé : les entités habitent et animent entièrement son corps, assurant ainsi une communication plus complète.

Les Anges Xédah : une lecture en douceur qui élève l'âme en lui fournissant la nourriture dont elle a besoin.

ISBN : 2-89239-159-8

156 pages

Jésus

« CHANNELING »

Tout ce recueil de mes paroles, dicté par une sainte compassion pour tous ceux de la terre, est donné dans la plus pure tradition de ce que fut mon passage lors de ma dernière incarnation parmi vous. C'est ainsi que j'ai tenu à ce que l'on ne change rien à ma dictée, ni rien y ajouter pour ne rien détruire, ni pour l'embellir, car rien ne sera jamais plus beau que la vérité seule.

Relisez souvent ma vie, ma mort et ma vie encore.

ISBN : 2-89239-154-7

348 pages

Uriel, la planète et toi

« CHANNELING »

Sommes-nous conscients de la grande puissance de l'amour? Nous vivons une période difficile; la planète terre est en péril, ce n'est plus un secret. Quels moyens devons-nous prendre pour remédier à la situation? Les préoccupations écologiques suffisent-elles? L'Archange Uriel communique ses messages par l'entremise de plusieurs médiums, sur la planète. Dans le présent petit ouvrage, Uriel a transmis ses enseignements par télépathie à Mica. Les trompettes du réveil sonnent!

ISBN : 2-89239-146-6

99 pages

Sénevus

« CHANNELING »

Sénevus est une entité provenant du sixième plan, d'où il œuvre à clarifier les passages des ondes logos servant à éclairer l'homme dans son évolution.

Sénevus marcha un jour sur notre planète. Cette fois, il lui incombe la mission de dévoiler la manifestation des premières clefs de la révélation des Sceaux, ainsi que bien d'autres visions assez stupéfiantes concernant les découvertes à venir en rapport à l'hydrogène, aux prochains cataclysmes, aux signes précurseurs de la venue du grand prophète, aux maladies touchant les hommes et leurs enfants, aux espèces à disparaître, aux pays touchés par les prochains séismes, aux méthodes pour détecter les êtres « fabriqués » de demain...

ISBN : 2-89239-119-9

72 pages

À la lumière de la Lumière, Edgar Cayce
PHILIPPE ROUTHIER
Le grand Edgar Cayce, a quitté son enveloppe terrestre en 1945. Edgar Cayce a donné plus de 14 000 communications au cours de sa vie. Edgar Cayce continue ses lectures à travers certains médiums. Il pousse plus loin la réflexion amorcée. Sa perspective a changé. L'angle est plus ouvert, plus éclairé mais surtout, adapté au langage et à la compréhension de cette fin de siècle.
ISBN : 2-89239-188-1
192 pages

Révélation Cosmique
« CHANNELING »
Combien de fois, à la fin d'un voyage, avez-vous passé en revue les événements récents, pour vous étonner de la vitesse à laquelle le temps s'est écoulé et les événements se sont bousculés? Ainsi en est-il pour l'expérience d'une seule ou de plusieurs vies. Mais en réalité, il n'y a là que des événements inscrits à l'intérieur de l'existence éternelle de l'âme. Deux entités, Rayons d'Argent et d'Or, évoluant à des niveaux de consciences élevés, offrent un message à l'humanité par le biais de Ann Valentin et de Virginia Essene. Cette information vous propose une compréhension des réalités de la vie afin d'harmoniser votre dimension spirituelle et votre existence physique.
ISBN : 2-89239-130-X
219 pages

Le temps de la colombe
« CHANNELING »
Vous êtes maintenant parvenus à un stade dans votre évolution où chacun doit démontrer ce qu'il a appris. Ann Valentin et Virginia Essene de Californie ont reçu par channeling des directives et des messages précis venant de l'Archange Uriel. Plus de temps à perdre! L'Archange Uriel nous donne des moyens concrets d'entrer en harmonie avec la Terre.
ISBN : 2-89239-102-4
244 pages

Le gouvernement secret
L'origine, l'identité et le but de MJ-12
MILTON WILLIAM COOPER
Qu'est-ce qui se cache derrière le mutisme de nos dirigeants à l'égard du phénomène O.V.N.I.? Depuis des décennies, une entente est survenue entre des êtres d'une autre planète et nos gouvernements. Cette entente laisse présager beaucoup de souffrance pour la grande majorité de l'humanité. L'auteur lève le voile du secret le mieux gardé en Amérique et surtout, il identifie les gardiens de ce secret.
ISBN : 2-89239-105-9
48 pages

Opération « cheval de Troie »
COLLECTIF D'AUTEURS
Pour assouvir leur soif de pouvoir par la supériorité technologique, nos véritables dirigeants ont-ils laissés un « Cheval de Troie » extra-terrestre (aliénigène)? En 1987 le président Reagan a semblé toucher à cette possibilité; Nous sommes tellement obsédés par nos antagonismes du moment que nous ne songeons presque jamais aux puissants liens qui unissent tous les membres de l'humanité. Peut-être y penserions-nous davantage si nous étions exposés à une menace extra-terrestre. Le propos de ce document (suite de Gouvernement Secret) est d'exposer au grand jour les détails de cette conspiration.
ISBN : 2-89239-110-5
62 pages

La conspiration cosmique
STAN DEYO
Étrange, concret, mystique, débordant de révélations inusitées et troublantes, tout concourt à faire de La conspiration cosmique un ouvrage déterminant dans la recherche de quiconque souhaite reculer les limites du visible. L'auteur, en plus de traiter du phénomène O.V.N.I., comme aucun ne l'a fait avant lui, dévoile l'énorme machination qui frappe à l'échelle mondiale, voire cosmique. Livre de base, très souvent cité en bibliographie. À lire absolument.
ISBN : 2-89239-189-X
328 pages

Ascenseur pour la lumière
CAROLE SANBORN-LANGLOIS
Carole a délivré des centaines d'âmes perdues. Elle nous décrit minutieusement les séances de spiritisme qu'elle dirige.
Vous assisterez à une conversation émouvante avec Jason, un enfant assassiné. Vous entendrez les regrets d'une mère qui a tué son enfant et s'est enlevé la vie. Nous suivrons François qui se savait condamné par la maladie. Il est décédé et est revenu dire comment c'est « de l'autre côté ».
Carole nous rapporte une vingtaine de cas, tous plus intéressants les uns que les autres.
ISBN : 2-89239-169-5
288 pages

Le grand monarque, selon les prophéties
MICHEL MORIN
De très nombreux textes prophétiques depuis plus de 10 siècles annoncent la venue d'un dernier roi d'Occident appelé le Grand Monarque, descendant de Louis XVII, second fils du Roi-Martyr. Le jeune Prince exilé quittera son île (Montréal, Québec?) pour aller au secours de la France et de l'Europe qui seront secoués par de terribles combats.
ISBN : 2-89239-184-9
160 pages

Vaccination : erreur médicale du siècle
DR. LOUIS DE BROUWER M.D.
Les accidents provoqués par les vaccins sont innombrables et passés sous silence.
Cent ans après le décès de Pasteur on découvre qu'il fut un génie de la tricherie, du plagiat, du truquage, des statistiques et du trafic d'influence.
Cet ouvrage rétablit la vérité à propos du personnage. L'auteur démontre par l'étude des principales vaccinations leur inutilité et leurs dangers. Vous saurez tout sur la vaccination.
ISBN : 2-89239-183-0
288 pages

Luc Jouret toujours vivant!
DENIS GUILLAUME
Petit livre qui permet de croire que la vérité peut être ailleurs que dans les rapports des juges, des policiers et des journalistes en mal de sensations! L'auteur est convaincu qu'il s'agit d'assassinats, de contrats. Tout porte à croire que l'enquête était terminée avant même que de commencer comme si la version officielle était déjà signée. Qui donc se cache dans l'ombre??
ISBN : 2-89239-194-6
96 pages

Le mudra du cœur
BERNARD ST-ASZ ET ANNE NENAROKOFF
L'auteur a reçu des enseignements au sein de la communauté des Nyingmapas qui représentent une des branches les plus anciennes du bouddhisme tibétain. C'est par le mouvement des extrêmes et la quête de l'équilibre que s'harmonisent l'âme ancestrale et l'âme divine. De grandes leçons. Exercices détaillés.
ISBN : 2-89239-201-2
272 pages

Rose-Croix d'hier et d'aujourd'hui
SERGE HUTIN
L'auteur a consacré une grande partie de sa vie à étudier l'histoire de l'Ésotérisme et en particulier le Rosicrucianisme. Il en résulte un livre clair, accessible et bien documenté : La filiation lointaine du Rosicrucianisme; La pansophie; La Rose-Croix au XVIIe siècle, le rosicrucianisme dans la Franc-Maçonnerie et en dehors; les manifestes rosicruciens. Contient Les noces chymiques de Christian Rosenkreutz.
ISBN : 2-89239-200-4
128 pages

Louise Courteau
ÉDITRICE

❑ OUI, je désire recevoir des informations concernant les publications de Louise Courteau, éditrice inc., sans aucune obligation de ma part.

❑ OUI, j'accepte que mon nom soit inclus dans votre liste d'envois postaux, afin d'être informé de vos nouvelles publications, sans aucune obligation de ma part.

NOM : ____________________

ADRESSE : ____________________

VILLE : ____________________ PROVINCE : ____________________

CODE POSTAL : ____________________ TÉL. : ____________________

Affranchir
ici

Louise Courteau, éditrice inc.

481, chemin du Lac-Saint-Louis Est
Saint-Zénon (Québec) Canada
J0K 3N0

Affranchir
ici

Louise Courteau, éditrice inc.

481, chemin du Lac-Saint-Louis Est
Saint-Zénon (Québec) Canada
J0K 3N0

MP

AGMV MARQUIS
Québec, Canada
1998